● グラフィック情報工学ライブラリ ●
GIE-10

コンピュータと表現
人間とコンピュータの接点

平川正人

数理工学社

編者のことば

「情報工学」に関する書物は情報系分野が扱うべき学術領域が広範に及ぶため，入門書，専門書をはじめシリーズ書目に至るまで，すでに数多くの出版物が存在する．それらの殆どは，個々の分野の第一線で活躍する研究者の手によって書かれた専門性の高い良書である．が，一方では専門性・厳密性を優先するあまりに，すべての読者にとって必ずしも理解が容易というわけではない．高校での教育を修了し，情報系の分野に将来の職を希望する多くの読者にとって「まずどのような専門領域があり，どのような興味深い話題があるのか」と言った情報系への素朴な知識欲を満たすためには，従来の形式や理念とは異なる全く新しい視点から執筆された教科書が必要となる．

このような情報工学系の学術書籍の実情を背景として，本ライブラリは以下のような特徴を有する《新しいタイプの教科書》を意図して企画された．すなわち，

1. 図式を用いることによる直観的な概念の理解に重点をおく．したがって，
2. 数学的な内容に関しては，厳密な論証というよりも可能な限り図解（図式による説明）を用いる．さらに，
3. （幾つかの例外を除き）取り上げる話題は，見開き2頁あるいは4頁で完結した一つの節とすることにより，読者の理解を容易にする．

これらすべての特徴を広い意味で"グラフィック(Graphic)"という言葉で表すことにすると，本ライブラリの企画・編集の理念は，情報工学における基本的な事柄の学習を支援する"グラフィックテキスト"の体系を目指している．

以下に示されている"書目一覧"からも分かるように，本ライブラリは，広範な情報工学系の領域の中から，本質的かつ基礎的なコアとなる項目のみを厳選した構成になっている．また，最先端の成果よりも基礎的な内容に重点を置き，実際に動くものを作るための実践的な知識を習得できるように工夫している．したがって，選定した各書目は，日々の進歩と発展が目覚ましい情報系分野においても普遍的に役立つ基本的知識の習得を目的とする教科書として編集されている．

編者のことば

　このように，本ライブラリは上述したような広範な意味での"グラフィック"というキーコンセプトをもとに，情報工学系の基礎的なカリキュラムを包括する全く新しいタイプの教科書を提供すべく企画された．対象とする読者層は主に大学学部生，高等専門学校生であるが，IT系企業における技術者の再教育・研修におけるテキストとしても活用できるように配慮している．また，執筆には大学，専門学校あるいは実業界において深い実務体験や教育経験を有する教授陣が，上記の編集趣旨に沿ってその任にあたっている．

　本ライブラリの刊行が，これから情報工学系技術者・研究者を目指す多くの意欲的な若き読者のための"プライマー・ブック (primer book)"として，キャリア形成へ向けての第一歩となることを念願している．

2012年12月

　　　　　　　　編集委員：　横森 貴・小林 聡・會澤邦夫・鈴木 貢

[グラフィック情報工学ライブラリ] 書目一覧
1. 理工系のための情報リテラシ
2. 情報工学のための離散数学
3. オートマトンと言語理論
4. アルゴリズムとデータ構造
5. 論理回路入門
6. 実践によるコンピュータアーキテクチャ
7. オペレーティングシステム
8. プログラミング言語と処理系
9. ネットワークコンピューティングの基礎
10. コンピュータと表現
11. データベースと情報検索
12. ソフトウェア工学の基礎と応用
13. 数値計算とシミュレーション

まえがき

「コンピュータと表現」というタイトルをつけた本書は，情報の表現を中心に，人間とその心の表現も含め，人間とコンピュータの接点にかかわる話題をまとめたものである．一般にはユーザインタフェースあるいはヒューマンコンピュータインタラクションと呼ばれる分野についての内容となっている．

筆者は学部の卒業研究時代に騒音シミュレーション，大学院に入学した当初は並列計算機，その後に人工知能やデータベースを学び，ある時点からユーザインタフェース／ヒューマンコンピュータインタラクションの面白さに夢中になった．時代はまさにグラフィック機能を有するミニコンピュータの利用が可能になり始めた頃で，また米国カーネギーメロン大学を訪問した際に初めてグラフィカルユーザインタフェース（GUI）を目にしたときの衝撃は今でも忘れられない．

GUI が 30 年以上の長きにわたって看板打者を務めてきたが，最近になってようやく次世代技術が育ってきた．今まさにユーザインタフェース／ヒューマンコンピュータインタラクションは大きな転換期にある．さらにいえばコンピュータと人間の関係も大きく変わりつつある．このようなタイミングで，情報技術の未来を一緒に考える機会を与えてもらったことは喜びにたえない．本書がそのような目的に少しでも貢献できればと願っている．

本書は，大学あるいは高等専門学校に進学したばかりの学生を主な読者層に想定している．内容は，近視眼的また散漫な記述にならないよう，かつ工学を学ぶ読者の興味を失わないように努めたつもりである．体裁はひとつのトピックごとに 2 ページ見開きに統一している．基本的には先頭から順に読み進んでもらえれば，ひとつのストーリーの下に理解を深めていくことができるようにした．一方で，興味のある内容を自由に選んで読んでもらっても構わない．読者の自由な思考に委ねたい．

最後に，本ライブラリの編者からは多くのご支援とご助言をいただいた．また（株）数理工学社編集部の田島伸彦氏ならびに見寺健氏には，本書の細部にわたり丁寧かつ的確なご指摘をいただいた．さらに，これまでの長年にわたり，内外で活動を共にした先輩，同僚，学生，また家族との交流・議論の結果として，本書にまとめた内容すべてがある．ここに改めて感謝の意を表したい．

2015 年 1 月　　　　　　　　　　　　　　　　　　　　　　　　平川正人

目次

第1章 情報と人間のかかわり 1
- 1.1 人間と道具 2
- 1.2 情報とデータ 4
- 1.3 コミュニケーションとインタラクション 6
- 1.4 コミュニケーションと情報 8
- 演習問題 10

第2章 人間の特性 11
- 2.1 感覚器官と脳 12
- 2.2 注意 14
- 2.3 錯覚 16
- 2.4 ゲシュタルト 18
- 2.5 多感覚知覚 20
- 2.6 共感覚 22
- 2.7 人の情報処理モデル 24
- 2.8 刺激の物理量と感覚量 26
- 2.9 ヒューマンエラー 28
- 2.10 人間工学 30
- 演習問題 32

第3章 ヒューマンインタフェース開発の幕開け 33
- 3.1 CUI 34
- 3.2 GUI 36
- 3.3 メタファ 38
- 3.4 直接操作 40
- 3.5 表，フォーム，図式による視覚化 42
- 3.6 ソフトウェア開発への視覚化利用 44
- 演習問題 46

第4章　モダリティの拡充　47

- 4.1　マルチモーダルインタフェース　48
- 4.2　聴覚インタフェース　50
- 4.3　触力覚インタフェース　52
- 4.4　嗅覚・味覚インタフェース　54
- 4.5　ノンバーバルコミュニケーション　56
- 4.6　ジェスチャインタフェース　58
- 4.7　視線インタフェース　60
- 4.8　アンビエントとアウェアネス　62
- 4.9　社会的インタラクション　64
- 4.10　ブレインマシンインタフェース　66
- 演習問題　68

第5章　身体と意識の統一　69

- 5.1　ユビキタスコンピューティング　70
- 5.2　仮想現実感　72
- 5.3　拡張現実感　74
- 5.4　光学迷彩　76
- 5.5　プロジェクションマッピング　78
- 演習問題　80

第6章　センサが捉える人間行動　81

- 6.1　非接触インタフェースデバイス　82
- 6.2　ウェアラブルコンピュータ　84
- 6.3　モノのインターネット　86
- 6.4　ビッグデータ　88
- 演習問題　90

第 7 章　デザインと評価　　91

- 7.1　ヒューマンインタフェースとデザイン 92
- 7.2　記号論 94
- 7.3　アフォーダンス 96
- 7.4　ユーザビリティ 98
- 7.5　ヒューマンインタフェース設計原則 100
- 7.6　ユニバーサルデザイン 102
- 7.7　エクスペリエンス 104
- 7.8　人間中心設計 106
- 7.9　環境としてのインタフェース 108
- 7.10　さらなる発展を目指して 110
- 演習問題 112

演習問題解答　　113
さらに詳しく学びたい人へ　　119
参 考 文 献　　122
索　　引　　126

マイクロソフト製品は米国 Microsoft 社の登録商標または商標です．
　Mac OS は，米国その他の国で登録された米国アップルコンピュータ社の商標です．
　その他，本書で使用している会社名，製品名は各社の登録商標または商標です．
本書では，Ⓡ と ™ は明記しておりません．

第 1 章
情報と人間の かかわり

　本書ではコンピュータを人間の道具として機能させるために理解しておくべき事項を，工学およびその周辺を含めて網羅的に学ぶ．まず第 1 章では，人間とのかかわりの上でヒューマンインタフェースとインタラクションの位置づけを明らかにするとともに，関連する概念としての情報ならびにコミュニケーションについてまとめる．

人間と道具
情報とデータ
コミュニケーションと
　　インタラクション
コミュニケーションと情報

1.1 人間と道具

ヒト（人間）は自らの生活をより良いものとするために道具の使用を考え出した．古くは植物の根茎類やアリ塚のシロアリを掘り起こすための骨器や木枝，それに動物の狩猟や解体，樹木の伐採，土掘りなどを目的とした石器が続く．今日では身のまわりはいろいろな種類の道具であふれかえっている．講義ノートをとるためのノートとペン，食事を作るときの鍋や包丁，通勤や通学などに使っている自転車，もちろんスマートフォン（スマホ）もそのひとつである．筆者は松江に引っ越してきたときに「弁当忘れても傘を忘れるな」とアドバイスされたが，「弁当忘れてもスマホ忘れるな」といった言い回しのほうが今風だろう．大学で教鞭をとる身としては「教科書忘れても…」とならないよう祈っている．

このように我々が道具を使用するという事実はごく当たり前のように感じられるが，実はそれはヒトを他の動物と区別するとともに，人類の進化にも大きく係わっている．近年の研究活動によってチンパンジーやオランウータンといった類人猿においてもさまざまな道具の使用行動が発見され，道具とヒトとの対応づけは崩れ去ってしまったが[1]，道具を使い始めたということが人類の進化に極めて大きな影響を及ぼしたという指摘に疑問をはさむ余地はない．

特に，石器製作という行為はチンパンジーにもいまだ観察されておらず，ヒトの想像を超えた飛躍の結果がそこに見受けられるという．歴史的には，世界最古の原始的石器はエチオピアで260万年前のものが報告されている．石器製作というブレークスルーは新たな食料獲得戦略（いわゆる肉食の採用）と係わり，その結果として脳の大型化が実現することになる[2]．

道具を用いることで人間は作業に必要なコスト（労力であったり所要時間）を軽減することができるようになった．距離などといった物理的制約を乗り越え，はるか遠く離れた場所にいる仲間同士の情報交換もお安い御用である．1980年代に筆者が大学院生の頃は，海外との通信手段はもっぱら航空便であり，どんなに頑張ったところで一週間ほどはみておかなければならなかった．それがいまや電子メールのおかげで，隣人と話をするのと同じ感覚で意思疎通を行うこともできるようになった．

ところで，金槌やハサミといったような単純な道具であれば，それを操ることは難しくない．他方，道具がコンピュータの場合を考えてみよう．人間が期待する作業は，例えば文書の作成やオンラインショッピングなどといった具合に，より複雑である．いくつかの行為を順次行って（例えばオンラインショッピングであれば，関心のある商品を検索・選択し，配達先の指定の後に代金を決済する），初めてひとつの作業が完了する．人間が一方的に手指を操るだけでは足りず，コンピュータからの応答を踏まえ，それに続く行為を順次選択・決定していく必要がある．図 1.1 に示すように，人間とコンピュータが互いに現在の状態を分かち合えることが作業の達成に不可欠である．それがうまく機能するかどうかは，コマンド（ボタン）やエラーメッセージなどのように明示的に目にとまるものだけでなく，操作対象とする要素の形状・配置位置や，はたまた応答時間などといった非明示的なものを含め，数多くの点が関与する．

このような状況の下，コンピュータはどのように設計されるべきだろうか．本書では，人間との接点部分に設けられ，人間がコンピュータを自在に扱えるように必要な手段を提供するコンピュータ技術について学ぶ．重要なのは，そのような技術はコンピュータに向き合う人間に対する深い理解があって初めて達成し得ることである．人間はコンピュータと異なり，論理的に説明がつかない振舞いが多数発生することに注意しよう．このことを無視しては人間のための優れたシステムの設計はできない．工学だけでなく，心理学，医学，芸術学を含む多方面に話題がまたがることは必然の帰結である．

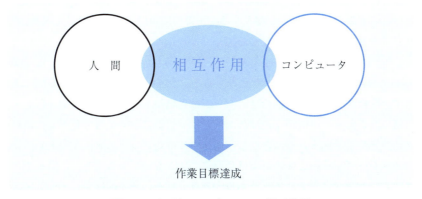

図 1.1 人間とコンピュータの相互作用

1.2 情報とデータ

　本書の主題はヒューマンインタフェースやインタラクションであり，人間とコンピュータ，あるいはコンピュータを介した人間と人間の間で執り行われる情報交換について多面的に理解しようとするものである．なお，情報という用語をこれまで説明抜きで用いてきたが，ここで「情報」と「データ」についての解釈を確認しておこう．

　情報（information）という言葉は，個人情報とか企業の財務情報といったように用いられることからも分かるように，価値あるものゆえに，競って手に入れたい，または他人から隠しておきたいものといえる．もちろん情報そのものには形があるわけではなく，漢字，平仮名，アルファベット，数字などのいわゆる記号を並べて表現される．ではデータとの違いは何か．

　データ（data）とは，数字や文字などの単なる記号の羅列を指す．そこに意味，言い換えれば価値を見出すとき，それはようやく情報となる．なお，価値の有無を評価するのは人間であり，捉え方はそれぞれによって異なる．例えば，「明日は晴れ」という天気予報を聞いたとき，ある人は「楽しみにしていた遠足に予定通り行けそう」と好意的に捉えるであろう．しかし，別の人にとっては「これまでの日照りで干上がっていた田畑の状態がさらに悪化し，農作物が枯れないか心配」と恨めしそうに捉えるかもしれない．

　さらにいえば，データの生成においては，生成する人（送り手）の他に，それを目にする人（受け手）が存在する．両者の関係によっては同じ意味が伝達・共有できないことが容易に生じる．

　一方，情報科学の分野にあっては，情報という用語にはシャノン（C.E. Shannon）が提唱した**情報理論**の考え方もある．シャノンの**通信モデル**を図 1.2 に示す．情報源から発せられたメッセージは送信機で符号化され，信号として通信路に流される．通信路を運ばれた信号は受信機において復号化され，最終的に到達先で受け取られる．ただし伝送途中には雑音（ノイズ）が混入し，元々のメッセージがそのままの形では到達先に届かないこともある．このモデルでは，メッセージに含まれる価値ある内容部分はその確率的性質に基づいて評価され，送受信に係わる人間による意味的な関与は取り扱われていない．信号がデータに相当し，情報はその中の価値ある部分である．

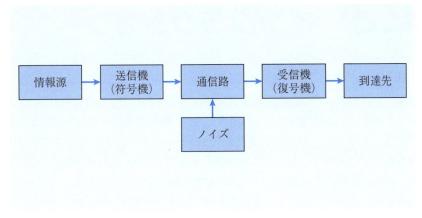

図 1.2　シャノンの通信モデル

なお，データ内に含まれる価値部分には濃淡があるため，その量を情報量として規定する．詳しい説明は他の書籍（例えば文献 [3]）に譲るが，ここでは情報にも量の概念があり得るということを事例ベースで一緒に考えるにとどめたい．例えば，「好きだ，好きだ，好きだ」という文字列（データ）は句読点を無視すると 9 文字であるが，単に「好きだ」という表現に比べて 3 倍もの価値があると考えるだろうか（個人的には 2 倍くらいと思う）．次に，ユゴー（V.M. Hugo）が名作『レ・ミゼラブル』を執筆したとき，本の売れ行きを気にして旅行先から出版社に送った手紙の内容は，ただ一文字「？」だった．それに対して出版社からの返事がまたスマートで，ひとこと「！」だったという[4]．ASCII コードならデータ量としてはそれぞれ 1 バイトであるが，関係者が受け取った情報の量はそれをはるかに超えるものだったといえよう．

今日にあっては検索エンジンに検索キーワードを与えれば，世界中の情報を引き出すこともできなくはない．しかしながら，それは「点」でしかない．情報は人間社会ともども互いにつながっている．その関係を無視しては，その情報のもつ役割も薄れてしまう．情報の組織化が適切に行われていなければ，当てもなく広い海をただただ放浪するのみである．

1.3 コミュニケーションとインタラクション

　我々人間がコンピュータを利用しようとする場合，有形無形にかかわらず，何らかのサービスの提供を期待している．例えば検索サービスであれば，旅行先で立ち寄るべき観光スポットの場所や内容，就職を希望する企業の業務内容，勤務地，年収などといった情報であろう．オンラインショッピングであれば，最終的に手に入れることになるのは商品となる．また，遠隔機械操作を考えれば，離れた場所にある機械のアームの位置を移動することである．ただし，極論すれば，今日のコンピュータに最も期待される役割は**コミュニケーション**の支援といってよかろう．

　総務省が取りまとめた平成24年版情報通信白書によれば，携帯電話およびスマートフォンの家庭外での目的別利用率において，ともに最も高い割合を占めたのは電子メールの送受信である．携帯電話利用者の56％，スマートフォン利用者では63.4％となっている．また，次点はソーシャルメディアの利用となっており，携帯電話利用者の40.5％，スマートフォン利用者の60.6％が利用している．

　ここではコミュニケーションと絡め，本書で扱う**インタラクション**（inter-

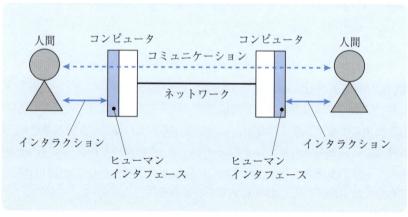

図 1.3　コミュニケーション，インタラクション，ヒューマンインタフェース

1.3 コミュニケーションとインタラクション

action）および**ヒューマンインタフェース**（human interface）との係わりについてまず整理しておこう（図1.3）.

コミュニケーションの目的は人間同士の意思の疎通を図ることである．ここで距離あるいは時間を隔てた人と人をつなぐために，両者の間にはコンピュータ（とネットワーク）が存在する．人間が直接向かい合うのは，コミュニケーション相手の人間ではなく，コンピュータである．その意味で，まずは人間とコンピュータとの情報のやりとりが発生する．これをインタラクションと呼ぶ．コミュニケーションと同様，人間とコンピュータとの情報のやりとりは双方向かつ連続的である．インタラクションにおいては一連の行為の流れ，言い換えればプロセスに注意を向けることになる．これに対し，コンピュータが人間向けに提供する情報の入出力様式（例えばシステム操作画面の構成）をヒューマンインタフェースと本書では捉える．コミュニケーションやインタラクションと違って，静的な様相に注意を向ける点に留意しておいてほしい．

インタラクションという用語に関しては，メッセージを交換する相手が人間とコンピュータであるということを明示的に表現する意味で，**ヒューマンコンピュータインタラクション**（human computer interaction）と呼称されることもある．また，ヒューマンインタフェースの代わりに，**ユーザインタフェース**（user interface）という表現も広く用いられる．

しかしながら本書では，社会で流通している専門用語あるいは他文献からの引用を除き，「ユーザ」という用語の使用は控えたい．その理由は，人間が使用する「何か（すなわちコンピュータ）」がまずあって，その存在を我々が意識しないことは許されない．結果として，「コンピュータが主，人間は従」の関係からいつまでたっても抜け出せないことになるからである．コンピュータとの関係においては，人間があくまでも中心かつ主導的立場を維持すべきある．コンピュータの存在を我々人間の意識の外に置くことを目指したい．

1.4 コミュニケーションと情報

ウィンストン（R. Winston）は自著[5]の中で，コミュニケーションについて次のように述べている．

「私たちの心には，技能を学習し新しい知識を習得する驚異的な能力があるが，肝心なものはこの学習のプロセスの核心にある．学習するためには，ほかの人とコミュニケーションし合う必要があり，ホミニッドと初期人類の社会的性質―どのように集団で暮らし，集団で食料を見つけ，互いに守り合い，コミュニケーションし合っていたのか―が決定的に重要であった．」

いわゆる**社会脳**と呼ばれる考え方で，人間の発達にあたってはコミュニケーションが重要な役割を果たしていると指摘している．

一方，コミュニケーションで交わされるメッセージについて考えてみよう．図 1.4 に示すように，メッセージは送り手から発せられ，そして受け手へと伝えられる．なお，メッセージは送り手が意識にある大量の情報を処理・処分した結果として，最終的に相手にも見聞きできる形に表象化されたものである．メッセージから除外された情報は送り手以外には計り知れない．ノーレットランダーシュ（T. Norretranders）はこれを**外情報**（exformation）と呼んだ[4]．コミュニケーションを通して自らの考えを相手に伝えるには，送ったメッセー

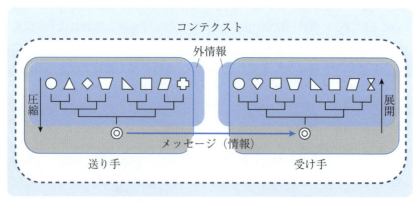

図 1.4 コミュニケーションの概念図

ジを通して，送り手の心の状態を映す外情報を受け手の心に呼び起こす必要がある．

当然ながらメッセージを単純に観察するだけでは，送り手が思い描いた内容（捨てられた外情報）を復元するのは不可能に近い．送り手の思考が深ければ深いほど，その困難さは増大する．このような一見不可能にも思える作業を可能にするのは，コンテクスト（状況や経験）の存在があってのことである．送り手と受け手の両者がコンテクストを共有するとき，コミュニケーションが正しく成立する．

2010年の流行語にもなった「もしドラ」で，主人公の女子マネージャ川島みなみが手にしたドラッカー（P.F. Drucker）の組織管理論手引書『マネジメント』からコミュニケーション（ひいてはインタラクションやヒューマンインタフェースとも無関係ではない）についての記述を引用しよう[6]．それによれば，「コミュニケーションとは，① 知覚であり，② 期待であり，③ 要求であり，④ 情報ではない」とされている．

併せて，「コミュニケーションを成立させるものは，受け手である」「コミュニケーションを成立させるには，受け手が何を見ているかを知らなければならない」との指摘は頭に刻んでおきたい．上に述べた外情報を勘案したコミュニケーションの考え方と合致する．また，「われわれは期待しているものだけを知覚する．（中略）期待していないものは受けつけられることさえないということである．見えもしなければ，聞こえもしない．無視される．あるいはまちがって見られ，まちがって聞かれる．期待していたものと同じと思われる」と主張している．これについては人間の認知心理学的知見とも絡んで興味深い．関連する話題を第2章で紹介しよう．

コミュニケーションと情報についての記述では，「コミュニケーションは知覚の対象であり，情報は論理の対象である」としている．さらに，「情報は形式であって，それ自体に意味はない．情報には人間はいない．人間的な要素はない．むしろ情報は，感情，価値，期待，知覚といった人間的な属性を除去するほど，有効となり信頼度も高まる」と説明している．この点は前述した情報理論の考え方に近い．

● 演習問題

□**1.1** コミュニケーションが成立する一般的要件は何か説明せよ．

□**1.2** 「明日は晴れです」という天気予報を耳にしたとき，その情報量はどのような場合も一定か．もしも異なるというのであれば，どのような状況のときにそれが起こるか考えよ．

> [コラム] **情報倫理**
>
> コンピュータはとても魅力的である．多くの人々の心を捕えて離さない．事実，片時も手放せない道具であり，まさに自分の身体の一部と考える人も少なからずいる．携帯電話が，今日のものに近いサイズで市場に登場した1990年頃，よもやここまで進化・普及するとは筆者は想像だにしなかった．それほど魅力的な製品であったことは，この事実が如実に物語っている．
>
> 人類を含む動物は環境に対する強力な順応性を備えており，時には進化という形で変化を自身に取り込んできた．しかし，携帯電話やスマートフォンが流布した数十年という時間は，人類の気が遠くなるほどの歴史から比べれば，ほんの一瞬である．その技術進歩のスピードに人間自身は追従できているだろうか．
>
> あたかも人間と会話をしているかのように感じさせることに成功したELIZAというソフトウェアを作り上げたことで知られるワイゼンバウム（J. Weizenbaum）の言葉を，彼の自著『コンピュータ・パワー』（秋葉忠利訳）から引用したい．
>
> 「コンピュータにあることができるかどうかは別として，コンピュータにさせるべきでない仕事がある．」 ○

第2章

人間の特性

　コンピュータは人間の何らかの営みの実行を手助けする道具であり，本書で取り扱う話題はコンピュータの構成要素の中でも人間に最も近い部分である．そのため，人間自体についての理解を脇に置いては，他のどのような検討も意味をもたない．ここでは人間がもつ不可思議な特性について見てみる．

感覚器官と脳
注　意
錯　覚
ゲシュタルト
多感覚知覚
共感覚
人の情報処理モデル
刺激の物理量と感覚量
ヒューマンエラー
人間工学

2.1 感覚器官と脳

　人間は複数の感覚器官を備えており，それらを動員して外界を認識し，自らの行動を決定する．人間が各感覚器官から情報獲得している割合は，視覚83％，聴覚11％，嗅覚3.5％，触覚1.5％，味覚1％といわれている[7]．これらの割合についてはさまざまな主張があるが，視覚が最も主要な存在であることは間違いない．

　ここで注意しておきたいのは，例えば目に入ってきた光は受容器である**網膜**で捉えられるが，それが直ちに何かを「見ている」わけではないことだ．感覚は，目，耳，鼻，舌，皮膚などに存在する受容器が物理的または化学的な刺激に反応し，その情報が感覚神経を経由して脳に伝えられて意識される．脳の中で複雑なステップを踏むことで初めて，外界の対象の姿が意識される．

　視覚を例にもう少し説明を加えよう．まず，視覚信号が脳の後頭葉にある第一次視野野に伝えられた段階では，傾きや線分などといった単純な視覚特徴が検出される．次に色，形，奥行き，運動などの特徴に個別に反応するニューロンの応答を受け，さらにそれらの情報が徐々に組み合わせられて最終的な知覚に至る．

　なお，目は均一な構造をもっているわけではなく，2つの異なる領域からなる．網膜の中央に位置する**中心窩**（ちゅうしんか）は外界の詳細を捉えることができるが，面積は1％にも満たない．それ以外の周辺視野の大半は極めて性能が低い．それでも不自由さを感じることなく生活できるのは**断続性運動**と呼ばれる眼球運動がなされているためである．目は絶えず視線を外界のいろいろな方向に移動させ，そこから得られる刺激から脳が全体を統合することによって外界世界のイメージを獲得している．

　人間の感覚系ならびに意識の容量について，ツィメルマン（M. Zimmermann）がまとめた数値を表2.1に示しておこう[4]．数値の詳細については将来の研究が必要であるが，重要な点は，脳は膨大な量の刺激を感覚器から受け入れるが，我々の意識レベルではほんの一握りの情報に圧縮されているということである．このような圧縮だけではない．脳は処理できない視覚情報を補完する．

　充填（フィリングイン）と呼ばれる振舞いを紹介しよう．視神経が網膜を貫

2.1 感覚器官と脳

表 2.1 無意識および意識の帯域幅

感覚系	総帯域幅（ビット/秒）	意識の帯域幅（ビット/秒）
視覚	10,000,000	40
聴覚	100,000	30
触覚	1,000,000	5
味覚	1,000	1
嗅覚	100,000	1

いて眼球の外に出ていく場所である盲点には当然ながら光受容体が存在せず，そこでは何も見ることができない．しかも，盲点は夜空に浮かぶ満月9個分に近い視野領域を占めるが[8]，人間はそれを認識することはない．脳内で欠落部分を近隣の領域のパターンで補完しているためである．実際に見えている（と感じている）世界は実は真実ではなく，脳によって作り上げられている事実がここにある．

ここに説明したような，脳が行うある意味の手抜きは，使うことができるエネルギーの量とも関係する．無限のエネルギーを使えると仮定することができるのであれば，また別の処理メカニズムも発生し得たのかもしれないが，それは想像にすぎない．脳はエネルギーを大量に消費する器官であって，重さは体重の2%ほどしかないにもかかわらず，血中の酸素とエネルギーの約20%をも消費する[5]．使用できるエネルギーには限りがあることを前提に，脳での処理は生活行動に必要十分なものにとどめるように組み上げられているのである．

なお，霊長類が備える五感の能力は採食戦略に沿って発達してきたという主張もある[1]．木から木へと移動する生活スタイルにあって，外敵から身を守りつつ樹上という3次元世界で果実を効率よく探すために，立体視と色彩視の能力が発達した．また，臭いが残る地面と異なり，臭いがすぐ消える樹上では嗅覚よりも視覚のほうが食物探索に有効であったため，視覚の優位性が構築された．聴覚については比較的近距離にとどまる仲間の動向や，外敵の存在を知らせるのに適した形態になっている．そのような進化の下に発達した感覚器官に依存する格好で，顔と顔を向き合わせた対面コミュニケーションのスタイルが我々人間に形成されるようになったというのである．

いずれにしても，生活環境の中で身を守りながら必要な行動に注力できるようなスマートな能力が人間には備わっていることに驚かされる．機械とは違った振舞いがなされることに注意してほしい．

2.2 注　意

　有名な哲学者であり，心理学者でもあったジェイムズ（W. James）は，人間の活動における情報選択のプロセスとしての**注意**について，「それは同時に対象となり得るいくつかの物体あるいは思考のうちのどれかを，心が明確かつ鮮明に占有することだ．意識の集中あるいは専念がその本質である．それはなんらかの事柄を効果的に処理するために他の事柄から心を引き離すことを意味する．」と述べている[9]．

　古くは**カクテルパーティ効果**と呼ばれる問題がよく知られている．賑やかなパーティ会場や雑踏の中で交わされる興味ある会話（例えば，自分の名前が出てくるような）に，ふと気づくような現象をいう．チェリー（E.C. Cherry）は，左右の耳に別々の音を聞かせている被験者に，一方の音（メッセージ）を追唱させた．被験者は，このタスクを問題なく遂行することができたが，もう一方の耳に提示した音の内容については把握が十分には行われなかった．具体的には，話者の性別や音の物理的変化（発信音への切り替え）には気づくことができたが，言語あるいは話者の変化は認識されるに至らなかった．この問題は，複数の情報から必要なものを選択的に取り出すときの注意として，**選択的注意**（selective attention）と呼ばれる．

　シモンズ（D. Simon）とチャブリス（C. Chabris）によって考え出された「見えないゴリラ」を次に紹介しよう[10]．これは**非注意による見落とし**（inattensional blindness）と呼ばれるものである．バスケットボールをそれぞれパスしている2つのチームが撮影された映像が画面上に映し出される．そこでは一方のチームのメンバーは白いシャツを，もう一方のチームメンバーは黒いシャツを着ており，2～3分の短い映像の間に，白いシャツのチームが行ったパスの回数を数えるよう求められる．映像が終了した時点で回数が問われるのだが，それに続いて，映像中に何か変わったことはなかったかと尋ねられる．被験者の半数は「ない」と回答するのだが（実際に筆者の授業のクラスで行ったときも，そのような割合であった），実は映像にはゴリラの着ぐるみを着た人が突如現れる．ゴリラはパスを行っている人たちの間をぬって横断し，中央位置では丁寧にも正面を向いて胸をたたくジェスチャまでしているにもかかわらず，である．

2.2 注 意

パスの回数を数えるという作業に注意が向けられ，ゴリラの出現を見落としてしまったわけである．網膜には間違いなくゴリラの姿は見えていたはずであるが，脳内での知覚はそうではなかった．そういっても，にわかには信じられない読者もおられよう．しかしながら，これが人間の真の姿なのである．

視線の向いている方向を追跡することができる装置を使い，実際に被験者がどのポイントに目を向けているか調べる追実験も行われた．それによれば，ゴリラに気づかなかった人も，気づいた人と同じくらいの時間（およそ1秒）ゴリラを実際には見ていたという[9]．処理すべき刺激の量が少ない低負荷条件下では注意を向けていない対象にも対応ができる．しかし，逆に提示される刺激が増えて高負荷条件になると，注意を向けているもの以外は処理されなくなる．

私たち人間の脳は見ている世界から意味のあるものを見出そうとしている．目を向けていることがすなわち注意を向けていることにはならないこと，注意を向けているものと関係が薄い場合は意識にのぼらないこと，そして結果として見ているものが見えているわけではないという事実は，ヒューマンインタフェース設計にあたって認識しておくべき点のひとつである．

補足しておくと，複数のタスクを同時に効率よく行うという能力（**マルチタスキング**と呼ばれる）は，コンピュータにあっては処理性能を高める技術として当たり前のものとなっているが，こと人間においては期待しないほうがよい．2つ以上のことに注意を払うようには脳はデザインされていない．例えば，運転中に携帯電話を使って通話をしている人は，酒気帯び運転とされる人と同程度の注意力しかないと報告されている[9]．

運転中の会話という意味では，助手席に座っている人と運転手との間の会話は同じと考えるかもしれない．しかし車内にいる者同士の場合には，車線を変更するなどといったように運転手が他に注意を向ける必要があれば，そのことから注意を引きはがすようなタスクを控えることが普通である．このように対話者同士で場の共有ができているということはコミュニケーションの質を高める上では欠かせないポイントである．**アウェアネス**とも呼ばれるが，これについては 4.8 節で改めて紹介したい．

2.3 錯覚

錯覚とは,「実在する対象の誤った知覚」のことをいう[11].分かりやすくいえば,実物とは見え方や聞こえ方が違うことを指している.個人の楽しみのひとつ程度に感じている人も少なくないかもしれないが,心理学の分野を中心に科学的に探究されているれっきとした学問テーマである.

誤解のないように指摘しておくが,錯覚は感覚器で起こるわけではなく,脳で起こる現象である.人間は間違っていると理解していてもなお,その間違いを修正することができない.間違った見え方,聞こえ方を回避できない点に,人間の知覚メカニズムの不思議さがある.

錯覚は視覚だけに留まらないが,視覚にかかわる話題が多い.そのような目の錯覚は特に**錯視**と呼ばれる.本書では錯視に絞って説明を行いたい.錯視の例として,古くはミュラー・リヤー(F.C. Müller-Lyer)のものが有名であり,その名前を耳にされた読者もおられよう.図2.1に例を示す.矢羽がつけられた線分について,長さは同じであっても,矢羽の向きによって,知覚される線分長さに違いが生じるというものである.実際,矢羽を内向きにすると短く見え,外向きにすると長く見える.

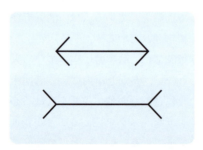

図 2.1　ミュラー・リヤー錯視

1枚の画像から2つ以上の異なる解釈が引き出されるといった多義性をもった錯視の例を図2.2に掲げよう.これは**図と地の反転**,あるいは考案者の名前をとって**ルビンの壺**とも呼ばれる.画像は共通の境界線をもつ白黒の2つの領域からなっており,一方がまとまりのある図としてその形が知覚され,残りは

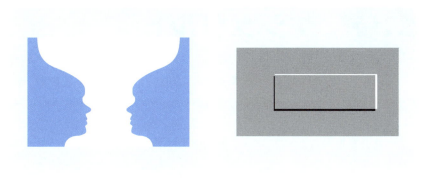

図 2.2　ルビンの壺　　　　図 2.3　クレータ錯視

地（いわゆる背景）として知覚される．各自で試してもらえば分かるように，決して同時に 2 つが見えることにはならないが，その解釈は瞬時に切り替わり得る．

　錯視（錯覚）の事例は枚挙にいとまがないが，もうひとつだけ挙げたい．図 2.3 はクレータ錯視のひとつで，お分かりのように実際にコンピュータの画面上のボタンのデザインにも用いられている技法である．ボタンはどのように見えているだろうか．おそらく出っ張っているように見えるはずである．ここで，本を上下逆さまにして図をもう一度見てほしい．先ほどとは逆に，押し込まれているように感じられることだろう．錯視は浮世離れした役に立たないものと思われるかもしれないが，実はヒューマンインタフェース設計にあっても欠かせない知恵である．

　なお，クレータ錯視が起こる理由は**陰**（shade）にある．陰とは，ある物体表面のうちで照明光が当たらず暗く見えている部分のことを指す．人間にとっては光を発するものとして太陽があり，それは自分の頭の上で輝いているという想定がある．ボタンの（右）上部が白く，（左）下部が暗いということから，それは必然的に「前に出て」と知覚されるのである．

　これまでに数多くの錯視が報告されており，現象が説明づけられているものもあれば，解明までにはいましばらく時間が必要なものもある．いずれにしても，人間には回避できない振舞いであり，ヒューマンインタフェース設計にあたって活用を図ることは理に適っているといえるだろう．本書で取り上げたもの以外の興味深い事例については，例えば文献 [11] などをご覧いただきたい．

2.4 ゲシュタルト

　事物の知覚にあっては，部分や要素の単に集合ではなく，全体としてのまとまりが重要であるとする心理学の一学派があり，それは**ゲシュタルト心理学**と呼ばれる．なお，**ゲシュタルト**（gestalt）とは，全体的な関連と統一性をもったまとまりを指すドイツ語である．誤解を恐れずにいえば，1＋1は単純に2ではなく3なり4なりと，もっと多くの内容を表現すると考えるのである．

　ゲシュタルトの現れ方やその性質は，それを目にしている人間自身の過去の経験に基づくものではなく，ゲシュタルト自体に内在する力が**プレグナンツの法則**にしたがって体制化することにより表出したと理解されている．これは7.3節に紹介するアフォーダンスとも相通じるものがある．

　まとまりを生み出す決定要因を**ゲシュタルト要因**と呼び，できるだけ単純で安定し，秩序ある形として知覚する傾向が人間には存在することが見出されている．それらの要因には次のようなものを含んでおり，これがプレグナンツの法則である（図2.4）．

(a) 近接の要因：空間的に近いものがまとまる（3組の近接する2本の線分同士がまとまる）
(b) 類同の要因：色や形が同種のものがまとまる（白い点同士，黒い点同士がまとまる）
(c) 閉合の要因：閉じた領域を形成するものがまとまる（3組の互いに向き合う括弧同士がまとまる）
(d) よい連続の要因：曲線がなめらかに続くものがまとまる（2つの円が交わる）
(e) よい形の要因：自然な（目につく）形をしたものがまとまる（十字と三角が交わる）
(f) 共通運命の要因：同期して動いたり変化するものがまとまる（静止状態にあっては近接の要因によって左右2組に分かれるが，上部の3つが一緒になって動き始めるとそれらがまとまる）

2.4 ゲシュタルト

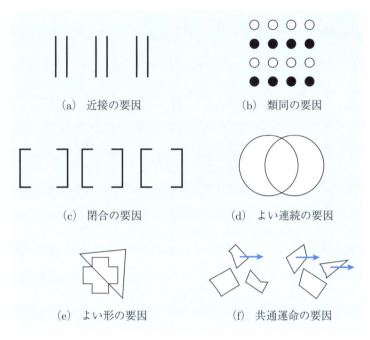

図 2.4 プレグナンツの法則

例えば，VLP というミュージシャンのアルバム「Terrain」のジャケット写真として，写真家のボルソディ（B. Borsodi）が作った一枚の写真はプレグナンツの法則を踏まえた好例といえよう．一見すると 4 枚の写真を上下左右に並べたように見えるのだが，実はそれはれっきとした 1 枚の写真なのである．部屋の中のモノを，その直線成分と色の種類に応じて並べることで，あたかも 4 分割の写真のように知覚させることに成功している．

ゲシュタルトの振舞いは図形だけにとどまらない．主旋律と副旋律からなる楽曲において，それらを演奏するスピードの違いによって，それらが 2 つの旋律として聞こえることも，統合されてひとつに聞こえることもある．人間の聴覚は高さ（周波数）の近い音をまとめてしまう傾向があることが分かっており，その傾向はテンポが速くなるほど著しくなる．

2.3 節で紹介した図と地の反転についても，ゲシュタルト心理学の研究などから，図あるいは地へのなりやすさを決定する要因が解明されはじめている．具体的には，領域が明るく，小面積で，閉じており，形が規則的，また垂直あるいは水平の方位をもつ場合には，そうでない場合に比べて図になりやすい[12]．

2.5 多感覚知覚

これまでのところでは，視覚，聴覚，触覚などといった感覚について個別に話題提供してきた．しかしながら我々が暮らしていく中にあっては，いうまでもなく，複数の感覚が同時に刺激されることのほうが当たり前といえる．複数の感覚経路からの情報が脳で統合され，それによって最終的な知覚を行っている．そのような振舞いは**多感覚知覚**と呼ばれる．人間の不思議として，与えられた刺激に対するそれらの感覚は独立ではいられない．互いに作用し，それぞれの処理結果を重ね合わせることで解釈を補強している．

有名な例として**マガーク効果**（McGurk effect）と呼ばれるものを紹介しよう（図 2.5）．カメラの前に座っている人が発声している映像を普通に視聴しているときには「ダ，ダ，ダ」と聞こえるのであるが，目を閉じて音だけに注意すると驚くことに「バ，バ，バ」と聞こえる．実は，口の動きは「ガ，ガ，ガ」に対応した映像であり，それに音声の「バ，バ，バ」が後から作為的に組み合わせられているのである．目から入ってくる情報と耳から入ってくる情報が一致しないため，脳が混乱し，辻褄を合わせた結果として，本来はあり得ない音を知覚することになる．

別の例として，図 2.6 に示すように，2 つの点が左右のある地点から互いに接近して交わった後に左右に分かれて進んでいくような映像を目にするとき，

図 2.5 マガーク効果

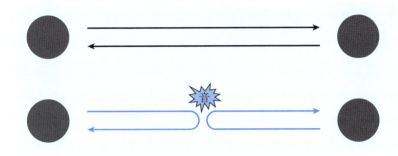

図 2.6　交差・反発知覚

両者はすれ違って（交差して）進んでいるように見えることが多い．しかしながら 2 点が出合うタイミングで短い音を提示すると，途端に印象が変わってくる．今度は両点が衝突して跳ね返っているように感じられやすくなる．映像と音の情報が同時に入ってくることにより，それらが関連していると脳が知覚するのである．

　これらのような例は，現実にはほとんどあり得ないと考えるかもしれない．身近な例を挙げよう．筆者には懐かしい光景であるが，腹話術である．実際には人形を操っている人間が喋っているにもかかわらず，人間が操っている人形があたかも喋っているように感じられ，子供の頃には不思議でたまらなかった．ポイントは，聴衆は視線を人形に集めるように仕組まれていることである．そのような状況下で音声を耳にするとき，視野中には音声に同期して動くものが他にないため，人形の口から声が発せられていると脳が誤解するのである．

　なお，多感覚知覚は視覚と聴覚の組合せに限らない．文献 [9] に挙げられた例を 2 つ紹介しよう．ベーコンエッグ風味のアイスクリームを口にするとき，ベーコンがフライパンで焼ける音を耳にしているときはベーコン，ニワトリの声が伴っているときは卵の風味を感じるという．また，椅子に座った被験者の足首のところに弱い空気の流れを送りながら「パ」と「タ」という音を再生すると，その人は「パ」と「タ」という音を聞く一方で，空気の送付を止めた状況下では「バ」と「ダ」に聞こえたという．人間は「p」，「t」，「k」で始まる，いわゆる破裂音の言葉が発せられるとき，口からの空気を皮膚の受容器が感じ取る．そのような空気の流れによって音の知覚の確度を高めているという性質が存在する証とされている．

2.6 共感覚

多感覚知覚にあっては，前節に紹介したように異なる感覚が単に（というほど単純ではないが）連携するだけではなく，人によっては交差することもある．ある感覚刺激から，それとは異なる別の感覚が引き起こされる知覚現象として知られる**共感覚**（synesthesia）を本節では紹介しよう．

世の中には数字や文字，あるいは音に色を見る人たちがいる．また，そのような感覚の交差は視覚と視覚（数字や文字と色：この意味で，すべての共感覚が多感覚とはいえない），あるいは音と視覚の組合せに限られるものではなく，触覚，味覚，嗅覚についても同様の現象がみられる．そのような現象が共感覚と呼ばれるものである．ウォード（J. Ward）は著書[13]の中で，共感覚について，次のような事例を紹介している．

> 私が自分の名前を嫌いなのは，それが，灰色とオリーブ・グリーンだからです（Aが灰色で，nがオリーブ・グリーンです）．名前の最後についているeは，「赤みがかったオレンジ」なのでいくらかましなのですけど．
>
> 言葉に感じられる味は，言葉につけられた色とはまったく違う物によって誘発される．こうした味はすべて，綴りではなく，言葉の音に影響されていたのだ．「Friday」の場合は何と，「揚げられた」物の味を誘発してしまうという奇妙な傾向が見られた！

感覚の対応づけは個人個人で異なることが多いが，一部については元の刺激と誘発される知覚との間に規則性が存在する可能性がある．また，意味が分からない記号の場合，例えば見知らぬ言語の文字については，共感覚は生じにくい．

なお，共感覚の持ち主の割合は数万人に一人とも数千人に一人ともいわれるが，幼児期には誰しももっている．成長して脳の皮質が発達する（刺激への対応づけが固定化される）につれ，次第にその能力が消失するといわれる．ただし，大人になってもその片鱗を垣間見ることができる好例として，**ブーバ・キキ効果**が知られている．図2.7に2つの図形を掲げるが，「ブーバ」と「キキ」という名称を聞いて，それぞれの名称をどちらの図形に対応づけるだろうか．

図 2.7　ブーバ・キキ効果

　ブーバという文字（音）は右側の図形，キキは左側の図形と感じた読者が多いに違いない．なお，ブーバとキキの例を挙げるまでもなく，マンガの世界にあっては擬態語を使って動作や状態を象徴的に表現することが少なくない．「ツンツン」と書かれていれば固いもの，とがっているものを，一方で「ふわふわ」という表現では軽やかなものを感じることであろう．

　他にも，四角形を描く際に，角を直線的（直角）にすると硬く男性的に，一方で角を丸くすれば可愛らしく女性的な印象が強まる．スマートフォンの画面上に並ぶボタンにあっては角を丸くしたデザインが多用されるが，これなどは，ボタンは指で操作されることを意識し，角がなく安全で，かつ滑らかにスライドできるというメッセージを暗に伝えるものとなっている．

2.7 人の情報処理モデル

ヒューマンインタフェースの設計を体系的に行うとすれば，人間の情報処理の振舞いに目を向けることが必然的に求められる．外界の情報を取り込み，行動を決定する過程についての知見をみてみよう．

カード（S.K. Card）らは，プロセッサとメモリの組合せで人間の情報処理過程を説明する**モデルヒューマンプロセッサ**を提唱した．認知科学とヒューマンインタフェース（工学）とを橋渡しする初期の試みとしても意義深い．図 2.8 を用いながら，もう少し説明したい．

人間の情報処理は**知覚システム**，**認知システム**，**運動システム**の3つから構成され，各システムはプロセッサとメモリを基本要素にもつ．外界から取り込まれた刺激は知覚プロセッサを介して視覚あるいは聴覚イメージ貯蔵庫（短期記憶）に蓄えられる．過去の情報（長期記憶）とも結合され，認知プロセッサで処理された後，運動プロセッサが起動され，最終的に運動器が駆動される．なお補足しておくと，短期記憶は情報を単に蓄えるだけではなく，処理も行う能動的要素であることが明らかにされ，今日では**ワーキングメモリ**と呼ばれる．

カードのモデルの特徴的な点として，それぞれのプロセッサやメモリにあっては標準的なパラメータ値が具体的に与えられている．例えば，知覚プロセッサの処理平均時間は 100 ミリ秒，視覚イメージ貯蔵庫にあっては記憶が減衰し

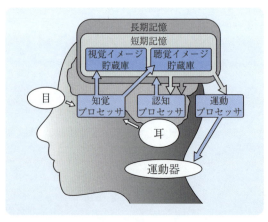

図 2.8 カードのモデルヒューマンプロセッサ

2.7 人の情報処理モデル

て50%になるまでの時間が200ミリ秒，蓄積容量17文字などといった具合である．これにより人間のある行動に要する時間はどのくらいかといったことを見積もることが可能になっている．

なお，イメージ貯蔵庫に保持されたものの中から意味ある情報として選択されれば短期記憶へ，その後に符号化や反復の処理を経て長期記憶へと情報が転送される．長期記憶は容量的に無限大で，しかも保持期間は永続的であるが，短期記憶では成人の健常者が一度に保持できる情報の容量は 7 ± 2 チャンクである．**チャンク**（chunk）とはまとまりを表す単位であり，複数文字であっても意味のあるまとまりとして覚えられる場合は1チャンクとして数えられる．なお近年の研究で，この7という魔法の数字は4であるともいわれている[14]．

他の情報処理モデルとして，ノーマン（D.A. Norman）の**7段階モデル**を紹介しよう．これでは人間のシステム操作は目標実現行動として捉えられており，循環型のモデルとなっている．図2.9にこのモデルを示す．人間はまず目標に対して意図を形成し，なすべき行為を選択した後，実際にその行為を実行する．それは物理世界に何らかの変化を引き起こすこととなり，人間はその変化を知覚し，意味解釈を行った後，当初の目標が達成されたかどうかを評価する．目標が達成できていなければ新たな目標を設定し，改めて次の行動を起こす．

なお，心理世界と物理世界との間には2つの淵（gulf）があり，実行の淵が広ければ人間は目標の実現方法が分からず，逆に評価の淵が広いと自ら行ったことが意図と適合しているか分からないと悩むこととなる．ヒューマンインタフェース設計にあたっては，それらの距離を縮めることが重要となる．

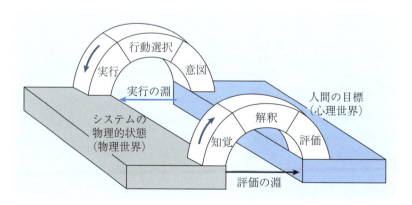

図 2.9　ノーマンの7段階モデル

2.8 刺激の物理量と感覚量

　前節に説明したモデルヒューマンプロセッサは，人間の内的な振舞いを定量的に記述しようとした点で画期的であった．実際，インタフェースシステムを構築する側からすれば，人間の振舞いについての客観的な尺度が存在すれば心強い．すでに19世紀半ばには外的な刺激と内的な感覚の対応関係に興味をもった研究者が現れ，その学問分野は**心理物理学**あるいは**精神物理学**と呼ばれる．

　この分野で最も著名な成果のひとつに，ウェーバー（E.H. Weber）が唱えた法則がある．人間に標準の刺激（例えば重量）S を提示した状況下で，刺激が変化したことを判別することができる最小の刺激変化量（弁別閾）を ΔS とすると，それらには次のような単純な関係式が成り立つ．

$$\frac{\Delta S}{S} = k \quad （k は定数）$$

これが**ウェーバーの法則**であり，いわゆる感覚器の精度について規定している．定数 k は**ウェーバー比**と呼ばれる．種々の感覚におけるウェーバー比を表2.2に示す[15]．表中の troland は瞳孔面積を考慮した網膜面上の照度を表す単位で，視覚系のメカニズムを研究する場合に用いられる．olfactie は19世紀末にツワーデマーカー（H. Zwaardemaker）が考案した嗅覚計での計測にあたり導入された単位である．

　例で説明しよう．用意された2つのおもりを別々に持ち上げて，両者に重さの違いがあるかどうかを調べるのだが，一方の標準重量が 300 g であった場合

表 2.2　感覚種別のウェーバー比

感覚の種類	標準刺激 (S)	ウェーバー比 (k)
深部圧	400 g	1/77
視覚の明るさ	1000 trolands	1/62
おもりの持ち上げ	300 g	1/53
音の大きさ	1,000 Hz, 100 dB	1/11
嗅覚（ゴム臭）	200 olfacties	1/10
皮膚の点圧	5 g/mm^2	1/7
味覚（塩味）	3 mol/L	1/5

に，もう一方のおもりが 306 g であればようやく違いに気づくということである．なお標準重量が 600 g のおもりを持ち上げる場合には，6 g ではなく 12 g の差がないと判別できない．

ウェーバーの法則を受けて，フェヒナー（G.T. Fechner）は刺激の物理量（強度）と感覚量の間の関係について，次のような関係式が成り立つことに気がついた．これが**フェヒナーの法則**である．なお両法則が意味するところは同じであることを補足しておく．

$$R = k \log S \quad (k \text{ は定数})$$

ここで S と R はそれぞれ刺激の強度と感覚量を表している．物理的な刺激強度の対数で感覚量が変化することに注意しておこう．

スティーヴンス（S.S. Stevens）は感覚量を具体的に数値化する方法（**マグニチュード推定法**）を考案し，それを用いることで刺激強度と感覚量との関係をさらに掘り下げて検討した．その結果は次式のように，感覚量 R は刺激強度 S のべき乗に比例するというもので，**スティーヴンスのべき法則**と呼ばれる．

$$R = k \cdot S^n \quad (k \text{ は定数})$$

なお，刺激の種類に応じたべき指数 n は表 2.3 のようにまとめられている[15]．

表 2.3 スティーヴンスのべき法則におけるべき指数

刺激	べき指数 (n)
音の大きさ（単耳）	0.3
視標の明るさ	0.3
コーヒーの香り	0.55
冷たさ（腕）	1.0
暖かさ（腕）	1.6
木のブロックの厚み（指の触れ）	1.3
持ち上げたときの重さ	1.5
線分の長さ	1.0

静けさの中に耳に優しく届く秋の虫の音を愛でることができる一方，耳をつんざくばかりの大音響のロックコンサートでも音楽として楽しむことができるのは，上述した我々人間の特性ゆえである．

2.9 ヒューマンエラー

　ヒューマンインタフェース，さらにいえば人間が開発し，使うシステムでは，いずれもエラーの発生から逃れることはできない．エラーは必ず起こるものであるということを技術者は認識しておかなければならない．

　エラーには機器自体の経年変化によって起こる不具合（故障）やプログラム自体の欠陥（バグ）もあるが，むしろ人間がかかわることで生じる**ヒューマンエラー**（human error）の存在に注意しておきたい．なお補足しておくと，機器の経年変化による故障といっても，それはメンテナンスの不備によって人為的に引き起こされたものかもしれない．また，プログラムのバグも，ソフトウェア開発者が行った要求分析やモジュール設計，プログラミングにおける誤りが原因であり，ヒューマンエラーとの解釈もできる．しかしながら本書にあっては，システム操作時に発生する人為的な過誤や失敗をヒューマンエラーと呼んで，上に挙げたような人工物の製造上の不具合や欠陥と区別することにしよう．なお，JIS Z8115:2000 では，ヒューマンエラーは「意図しない結果を生じる人間の行為」と定義されている．

　ヒューマンエラーは大きく2種類に分けられる．**ミステイク**（mistake）と**スリップ**（slip）である．ミステイクは認識や判断の段階で生じたもの，言い換えれば計画自体の失敗である．他方，スリップは行動とか実行の段階で生じたものである．一般的には，勘違いや思い込みはミステイクであり，うっかりミスがスリップに該当する．

　ミステイクの例を挙げよう．あるとき，推薦書の執筆を研究室の学生から依頼された．以前の卒業生のために書きあげた推薦書を元にしようと考え，そのファイルを開き，内容を確認した上で新たな名前をつけて別ファイルとして保存した．続いて必要な変更を行っていたところで別の打合せの時間になったので保存して席を離れ，戻ってから改めてファイルを開いた．驚いたことに，そこには以前の学生の文章がそのままだった．実は過去の資料を参考にするときに，もう一人別の学生の推薦書も参照していて，そちらの学生のファイルを修正・保存していたのである．自分ではてっきり新たにコピーしたファイルへの修正だと思い込んでいたが，後の祭り．一人の推薦書の内容はきれいさっぱり

置き換えられ，手の届かないところに行ってしまった．

スリップの例はどうか．あるファイルの名称を変更しようとして，そのアイコンの上で右クリックをすると現れるメニューから「名前の変更」を選ぶつもりが，誤って隣にある「削除」を指示してしまった経験をおもちでないだろうか．これなどはスリップである．

もっと深刻な事例もある．2005 年 12 月にジェイコム株大量誤発注事件と呼ばれる事件が起こった．東証マザーズ市場に新規上場されたジェイコム株式会社の株について，みずほ証券の担当者が，「61 万円 1 株売り」とすべき注文を「1 円 61 万株売り」と誤ってコンピュータに入力したのである．これによって，みずほ証券は 400 億円を超える損害を被った．この誤入力自体はスリップの範疇であるが，入力時にコンピュータからは注文内容が異常であるとする警告が表示されたにもかかわらず，担当者はこれを無視して注文を執行した．「警告はたまに表示されるため，つい無視してしまった」という．ベテランであるがゆえに起こした誤りであり，これはミステイクの範疇となる．

いうまでもなくヒューマンエラーの発生をそのまま放っておくことはできない．ヒューマンエラーが避けられないことを考えれば，システム開発者がなすべきことは，それが重大なトラブルを招くことのないように必要な対策をとっておくことである．身体や機材を主な保護対象とするが，フールプルーフ（fool proof）やフェイルセーフ（fail safe）の考え方にも言及しておこう．

フールプルーフは，製品やシステムの設計において，人間がそもそも誤った操作をしないように配慮することを第一義とする．USB や一部機器のバッテリーは正しい向きにしか差し込めないようになっているが，これなどは代表的な例である．シャッター速度や絞りの設定を省き，単にシャッターボタンを押すだけで撮影ができるようにすることで，撮影ミスを低減する設計も同じくフールプルーフの例である．

他方のフェイルセーフは，故障や誤操作によるトラブルが例え発生しても，それが致命的な事故や障害につながらないよう設計するという考え方である．例えば，ストーブは転倒すると自動的に消火するよう設計されている他，電源容量を超えて機器を作動させたときにはブレーカーによって電源供給が自動的に遮断されるようになっている．

2.10 人間工学

　コンピュータに限らず，機械一般が工場や家庭に入り込むようになるにつれ，人間と機械との構造の違いに否が応でも目を向けざるを得なくなった．特に18世紀から始まった産業革命が大きなひとつの転換点となった．急速な工業化が労働スタイルを一変させ，人間は生産システムに従属する一要素として組み込まれることになる．不自然な作業姿勢や劣悪な作業環境の中での長時間労働が常態化し，その当時の労働時間は1日16時間を超えたという．あまりの労働環境の過酷さは労働者の肉体的・精神的負担を極限まで増加させた．

　やがて労働と健康の関係に目が向けられるようになった．欧州を中心に，労働の環境や機器をどのように設計すれば収益を上げることができるか，さらには人間の身体的特性に基づいて疲労の軽減や作業効率の向上を目指す動きにつながった．これが**エルゴノミクス**（ergonomics）である．その名称はギリシャ語のergon（労働）とnomos（法則）に由来している．

　今日では，エルゴノミクスデザインがうたわれるキーボードやマウスが市販されている．例えばキーボードの場合，指への負担が少なくなるようにキーは直線的ではなく曲線的に配置されるとともに，場合によってはキー全体が左右に2分割されたり，お碗の底のような曲面に沿ってキーが配置されたりしているものもある．

　一方，米国では第二次世界大戦以降にヒューマンエラーの研究が活発化した．それは航空機の事故が多発したことを契機としている．航空工学や心理学の専門家らによる調査チームが編成され，事故原因の解明にあたった結果，計器の読み間違いに原因があることが突き止められた．その対策として，人間の認知特性を考慮した読みとり間違いの少ない一針式の高度計が誕生する．このように人間の安全を優先課題とし，人間を研究対象とする研究分野は**ヒューマンファクター**（human factors）と呼ばれる．

　ヒューマンファクターの視点からヒューマンエラーを分析しようとするときのツールとして**m-SHELモデル**がある（図2.10）．これはエドワーズ（E. Edwards）が基本モデルを提案し，ホーキンス（F.H. Hawkins）が改良したSHELモデルをベースにしている．S, H, E, Lの文字はそれぞれソフトウェア（Software），ハードウェア（Hardware），環境（Environment），人間（Liveware）

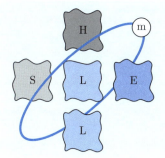

S ： ソフトウェア（手順書，マニュアル，訓練の方法など）
H ： ハードウェア（機器，道具など）
E ： 環境（照明，温度，作業空間の広さなど）
L ： 人間
m ： マネジメント

図 2.10 m-SHEL モデル

を示している．図中の中央に示される L は本人，その下にあるもうひとつの L は関係者を意味する．中央の L とその他の要素がうまくかみ合っていないときにヒューマンエラーが起こると考え，波打った枠線は各要素が変化することを表現している．それらの要素全体に影響を及ぼすマネジメントに焦点を当てるために m という要素が付け加えられて m-SHEL モデルが構成されている．

エルゴノミクスとヒューマンファクターを改めて整理しておくと，両者ともに人間への負荷の軽減を図るという意味では共通するが，前者は人間の身体的・肉体的特性に着目するものであり，後者では知覚・認知特性や心理面に力点が置かれる．

日本にあってはエルゴノミクスとヒューマンファクターの 2 つの流れが共存し（図 2.11），それらは**人間工学**と呼ばれる学問分野に集約されるに至っている．しかし，どちらかといえば身体的・肉体的負担の軽減を図ろうとするエルゴノミクスに強い影響を受けている．

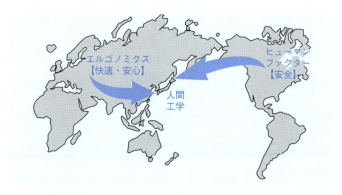

図 2.11 エルゴノミクスとヒューマンファクター

● 演習問題

□**2.1** 身のまわりでプレグナンツの法則に基づいて設計されている事例を見つけよ．

□**2.2** チャンクの具体例を挙げよ．

□**2.3** フェヒナーの法則が成り立つ身近な例を挙げよ．

□**2.4** システムが即座に応答していると感じられるのはどのくらいの応答時間か，またシステムとのやりとりに注意を維持できるのはどのくらいの時間が限度か調べよ．

□**2.5** ある懸賞の当選者に電子メールを送る際，Bccで送信すべきところを誤ってCcにしてしまったために個人情報が漏洩した．このようなヒューマンエラーはミステイクあるいはスリップのいずれか述べよ．

コラム　人間の驚くべき知覚能力

　人間の知覚能力には驚くべきものがある．例えば視覚についていえば，数十 km 先のろうそくの光を知覚することができるといわれている．今日の街中にあっては，そこらかしこに照明が点灯している．そんな遠くにろうそくがあったとしても，そのわずかな光は照明にかき消される．そもそも，そのような微細な光刺激に反応する能力を，我々は本当に保持しているのかという疑問もあろう．

　そんなときには瀬戸内海に浮かぶ直島に出かけてみるとよい．そこにはベネッセが展開しているアート施設群があり，そのうちのひとつに南寺がある．建物の中に入ると，そこは真っ暗闇の世界．自分の身体も視認することができない異様な感覚に陥る．初めは何も見えないが，10〜20 分ほどしてくると，眼前に白い光のスクリーンが見えてくるようになる．普段では気づきもしないわずかな光に見惚れる自分に出会える．　　　　　　　　　　　　　　　　　　　　　　　　　　　　　　　　　○

第3章
ヒューマンインタフェース開発の幕開け

　専門家のためのコンピュータから一転して一般個人が使うコンピュータに大きく変身を遂げる転換要因となったGUI（グラフィカルユーザインタフェース）の話題を中心に，それに至る前に採用されていたCUI（キャラクタユーザインタフェース）ならびに視覚化のさまざまな展開について言及する．

CUI
GUI
メタファ
直接操作
表，フォーム，図式による視覚化
ソフトウェア開発への視覚化利用

3.1 CUI

　1980年代はヒューマンインタフェースの非常に大きな転換点であった．それ以降から今日に至るまで王座を占めているスタイルについては次節で言及することとし，まずはそれ以前のスタイルについて振り返っておこう．

　それまでのコンピュータは入力にキーボード，出力されるのはあらかじめ決められている英数字と特殊記号のみというキャラクタディスプレイを用いる対話手法が一般的であった．そのなごりは今日のコンピュータにも残されており，Windowsパソコンであれば，プログラム一覧の中にコマンドプロンプトと名付けられたものに見ることができる．図3.1に見るような飾り気のない黒い背景をしたウィンドウが立ち上がり，そこには見慣れない記号が並んでいるはずだ．

図 3.1　コマンドプロンプト画面

　例えば，注目しているフォルダ（ディレクトリ）内にあるsampleという名前のWord文書をdestinationというフォルダに移動させたい場合には，"move sample.docx destination" と入力しなければならない．このようにキーボードからコマンドやファイルの名前に相当する英数字を打鍵し，コンピュータからの応答もまた英数字で返ってくるといったヒューマンインタフェースが **CUI**（キャラクタユーザインタフェース：character user interface）である．

3.1 CUI

話を少し変えよう．1970年代後半，各地にマイコンクラブが誕生した．マイコンという言葉を初めて耳にする読者も少なくないに違いないが，"私の（マイ）コンピュータ"ではなく，マイクロプロセッサを搭載した"小型（マイクロ）コンピュータ"を意味する．その少し前までは，コンピュータといえば一室のかなりの部分を占めるほど大きな筐体を持つ機械であり，人々の多くは直接目にすることがなかった．1974年にインテル社がIntel 8080，モトローラ社はMC 6800という8ビットマイクロプロセッサを発売したことを契機とし，Altair 8800と呼ばれるパソコンも発売された．ちなみにマイクロプロセッサとしてはIntel 4004が世界初で，それに続いてIntel 8008という製品も誕生しているが，それらについて言及することは本書の範囲を超えるので別の資料を参考にしてほしい．Altair 8800の販売をきっかけにマイクロソフト社が大きく飛躍したことはよく知られたストーリーである．

コンピュータという道具がようやく個人の手にも届くようになり，世界中で熱狂的に迎えられたマイコンであるが，筆者自身も学生時代に友人が持っていたマイコンに目を見張った一人である．そして授業の合間には，そのパソコンでプログラミングに取り組んだものである．なお，ヒューマンインタフェースという面ではキーボードもついておらず，入力はトグルスイッチ，出力はLEDであった．CUIよりもさらに粗末に，オンとオフの2種だけでコンピュータと向き合ったものである．ご存知のようにコンピュータ内部ではすべてが0と1で表現されており，その構造に合わせるように人間が求められていたのである．ヒューマンインタフェースの観点からすると，逆の意味で究極といえる．

付け加えるならば，人間が入力をキーボードから英数字を用いて行った場合でも，その記録は紙テープやカードになされることが広く普及していた（図3.2）．それぞれの英数字に対応した0と1のビット列が穴の有無で表現されており，1回ごと使い切りの代物であった．出力についても用紙の上に英数字が印字されるのみであり，なんらかの描画を表現したいと思った場合は，英数字を何度か重ねて印字することで濃淡にバリエーションをつけることで対応するしかなかった．

図 3.2 紙テープとカード

3.2 GUI

　CUI の時代を経て，1984 年にアップル社から Macintosh が発売された．オーウェル（G. Orwell）の小説「1984 年」をもじったコマーシャル映像も大いに話題を呼んだ．巨大スクリーンに登場している独裁者の映像に視線を向ける表情を失った大勢の人々の横を，ハンマーを持った一人の女性が駆け抜け，そのハンマーを独裁者のスクリーンに向けて投げつけるといった内容である．内容の解釈は横に置くとして，この Macintosh が世の中に投げかけたメッセージは極めて重要なものであった．それが **GUI**（グラフィカルユーザインタフェース：graphical user interface）で，今日のヒューマンインタフェースの礎といえるアイディアである．

　なお，この Macintosh に先駆ける形で，同じく GUI を備えた Lisa と名付けられたパソコンをアップル社は発売した．しかし，商用機としての成功を収めたという意味で Macintosh の名が GUI と結び付けられることが多い．さらにいえば GUI の起源はもう少し前にさかのぼり，ゼロックス社のパロアルト研究所で 1973 年に産声を上げた Alto コンピュータにある．アップル社の創業者ジョブズ（S. Jobs）らが同研究所を見学で訪れた際にこれを見て，自社のパソコンに同等の操作体系を採用するに至ったのである．

　このようにして世に生を受けた GUI であるが，そこでは図 3.3 に示すように文字も必要に応じて添えられるが，基本要素は**アイコン**（icon）と呼ばれる絵シンボルによって画面上に視覚化される．"グラフィカル"と称される由縁でもある．併せて，複数の作業が同時に実行できるようにそれぞれの作業領域は**ウィンドウ**（window）として個別に設けられることは，読者にとっても見慣れた風景に違いない．いうまでもなく，ウィンドウは閉じたり開いたり，画面上の自由な位置に移動させることも，またサイズを変更することもできる．あるプログラム（アプリケーション）を起動したければ，対応するアイコンを画面上でクリックすればよい．起動されたプログラムの操作にあたっては，当該ウィンドウの上部に並んだ**メニュー**（menu）の中から必要なコマンドを選択するだけである．画面上には指示対象を指し示すための**ポインタ**（pointer）が提示され，それを操作するための入力（ポインティング）デバイスとして用意されているのが**マウス**である．

3.2 GUI

図 3.3 GUI

GUI を特徴づける要素は上述のウィンドウ，アイコン，メニュー，ポインタの 4 つであり，それらの頭文字をとって**ウインプ**（WIMP）と略称することもある．

なお，GUI は今日では OS の一部として組み込まれている．これによって，アプリケーションソフトウェアにおける操作感の統一や開発コストの軽減などが図られている．ここでいう操作感は，見た目や操作手順などを含む包括的な意味合いで捉えられるべきであり，**ルックアンドフィール**（look & feel）と呼ばれる．コンピュータ利用にあたって使用体験（言い換えると印象）の向上，あるいは他システムからの差別化を達成する際の重要な要素となっていることに注意を払いたい．

GUI のおかげで人間は視覚的かつ直観的にコンピュータを操作することができるようになり，コンピュータが広く一般生活に溶け込むきっかけとなった．逆にいえば，GUI のインパクトがとても大きかったために，その発明から今日までのおよそ 30 年もの間，次世代技術への交代がなされなかったということもできよう．ここにきて GUI に代わる新たなアプローチが台頭してきているが，それらについては後々詳しく見ていくことにしたい．

ところで，CUI は GUI に比べて劣っているという理解がなされることもあるが，それは正しくない．もちろん誰にでも当てはまるというわけではないが，使い方によっては CUI の方が優れているということもある．その証拠に，多少なりともコンピュータ操作に慣れてくるとショートカットキー機能を使ったほうが効率的であることを一言注意しておきたい．

3.3 メタファ

　コンピュータは新しく生み出された機械であり，その振舞いについては多くの人々にとっては未知であった．どのようにすればコンピュータが動かせるのかを事前に十分に学ぶという状況が想定できればよいのだけれど，なかなかそういったわけにはいかない．

　人がそれまで見聞きしたことのないものに初めて出合ったとき，その形や大きさ，パーツの動きなどを過去の経験と照らし合わせる．その結果としてそれが何で，どのような働きをするものかイメージを頭に思い描く．すなわち**メンタルモデル**である．例えば，ハンドルを回すと車が曲がるという事象を目にするとき，我々は「車のハンドル（ステアリング）を回すと歯車が回転し，歯車につながっている前輪の向きが変わる」という挙動を頭に描くといった具合である．ひとつ注意しておくならば，メンタルモデルが技術的に正確かどうかは問題ではない．現実的な結果と一致してさえいればそれでよい．

　人がシステム設計者の描くメンタルモデルと同じ，あるいは近いものを想起できるとき，そのシステムは当人にスムーズに受け入れられることになる．残念ながらコンピュータの場合には，日常的な道具と違って，その筐体は自らの働きを示す情報を何も表に見せない．多くは無粋な箱型をしている．そこに組み込まれている画面の上に提示されるものがすべてであり，あとは人間が操作・指示してくれるのをただじっと待っている存在である．結果として，人間はメンタルモデルを描きにくい．

　ところでコンピュータに初めて触れる人であっても，それが GUI を備えたものであれば，多くの人はまず使ってみようという気持ちになる．事実，Macintosh の誕生以降，一般家庭にあってもコンピュータ（あるいはスマートフォン）なしには毎日が成り立たないまでになってきた．その秘密のひとつが**デスクトップメタファ**（desktop metaphor）にある．オフィスや家にある机の上（デスクトップ）には書類やフォルダといった道具が置かれるが，インタフェース上の要素をそのような実世界に見られるものと，その外見，機能，使用法の点で対応づけたのである．日常で見慣れた風景が画面上に展開されることになり，人間はその扱いを容易に推測することができる．

3.3 メタファ

ここで机上が例えに選ばれたのは，パソコンが誕生する際に文書・図面・帳票の作成などといったビジネス応用が強く意識されたことも理由のひとつである．ちなみにメタファとは隠喩の意味であり，「よく知っているものと新しいものとの間の表層的な類似点や深層的な類似点を伝えるための，言語的かつ意味的ツールである」と説明されている[16]．

デスクトップメタファの具現化にあたり，GUI の基本要素のうちでも特にアイコンという絵シンボルが果たした役割は大きい．そこでは書類やフォルダもさることながら，ゴミ箱という概念の存在は良くも悪くも注目された．書類やフォルダのアイコンをゴミ箱アイコンの上にドラッグすれば削除されるというメタファは秀逸であるが，一方で Mac の世界にあっては，CD/DVD を取り出すときにも同じ操作が採用されている．決して CD/DVD の中身が消去されるわけではない．

ゴミ箱アイコンに限られるわけではないが，デザインによってはその国の文化を蹴散らすことになるという意見もある．例えばゴミ箱アイコンは通常，先進国でよく見かけるスチールあるいはプラスチックでできたゴミ箱をなぞらえたデザインになっているが，それがすべてとは限らない．植物を編んでゴミ箱にする国があっても構わないわけで，そういった多様性を認めないことにならないように配慮することは意味があるだろう．

なお，ネルソン（T.H. Nelson）は「メタファは限られた範囲では有用だが，いずれは足手まといとなり，重荷になる」と述べている[16]．メタファは有効なツールであるが万能ではないことを肝に銘じておきたい．

3.4 直接操作

　GUIが提供されていれば，コンピュータを専門とする人ばかりでなく，子供から高齢者まで広い範囲の人たちがコンピュータを操ることができる．CUIのように，コマンドやファイルの名前を人間が覚えておき，それを一字一句間違えることなくキー入力する必要はない．GUIの世界では操作にあたって必要なものがすべて目の前に提示されている．ここがポイントである．人間は目の前にある対象（オブジェクト）の中から必要なものを見つけ出し，それをクリックしたりドラッグすることで，コンピュータに必要なアクションの実行を指示することができるようになっている．このように，画面上のオブジェクトに対して人間がマウスなどのポインティングデバイスを使って直接働きかけることで作業するという考え方は**直接操作**（direct manipulation）と呼ばれる．

　GUIというとき，それは"グラフィカル"ユーザインタフェースという名称が示すように，オブジェクトが描画されていることに注目されがちであるが，むしろ直接操作できることにこそ大きな進歩があると捉えたほうがよい．ただし，眼前になければ操作そのものができないことになるため，注意が必要である．操作したいアイコンがウィンドウの陰に隠れている場合は，わざわざそのウィンドウを別の位置に移動させるかサイズを小さくして，所望のアイコンが見えるように（操作できるように）しなければならない．複数のウィンドウが重なっている場合は，ウィンドウの操作を繰り返し行うはめになる．画面サイズが小さい場合は必然的にそのような事態が頻発する．なおWindows 7以降では，簡単な操作ですべてのウィンドウを一度に最小化することができる．

　ここでは直接操作についてもう少し詳しく考えてみよう．まずは，人間が頭に描いている作業とそれを実際にシステム上で達成しようとしたときの表現形態との関係という視点である．人間にとっては達成したい作業をできるだけ容易かつ混乱することなく記述できることが望ましい．このように考えたとき，GUIにあっては実社会での作業環境に近い形で操作環境が構築されており，認知的負荷がCUIに比べて低い．実際，キーボードから"delete sample.docx"と打ち込むよりは，sample.docxファイルのアイコンをゴミ箱アイコンの上まで運ぶといった操作のほうが人間の感覚に近い．

3.4 直接操作

　直接操作には，もうひとつ重要な側面がある．それはコンピュータを操る人間の対象世界への制御に関する関与の度合いについてである．例えば，あなたがコンピュータゲームをプレイしようとしていると考えてみよう．あなたはゲーム世界に直接的に関与し，コンピュータからの適切な反応も受けながら，あなた自身でゲーム内のキャラクタを自在に操りたいと願うだろう．GUI はこのような感覚の醸成に優位である．

　これに対して CUI では，図 3.4 に描くように，人間が向き合うべき対象世界との間に中間的な世界があり，人間はそこを経由してようやく対象世界に働きかけを行うことができるという感覚を覚える．上にも挙げたファイル削除にあたって "delete sample.docx" と入力するときは，人間は中間世界にいる何者かに「sample.docx ファイルの削除をお願いします」と依頼する格好に感じてしまい，直接的に関与しているという感覚を持ちにくい．つまり直接対話している感覚が希薄となる．一方で GUI にあっては，sample.docx ファイルを選択した後，ゴミ箱アイコンの上までドラッグするため，自らコンピュータを操作しているという感覚をもつことができる．

　ハッチンス（E.L. Hutchins）らは直接操作に係わる一番目の側面を **distance**，そして 2 番目の側面を **direct engagement** と呼んだ[17]．

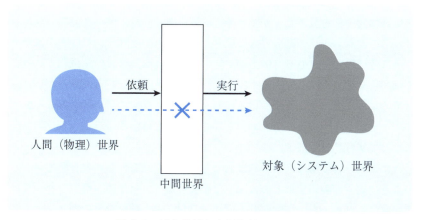

図 3.4　対象世界と人間世界の隔たり

3.5 表，フォーム，図式による視覚化

　今日のヒューマンインタフェースにあっては，アイコンやウィンドウを基本要素とする操作環境の視覚化に注目が集められることが少なくない．そこではアイコンやウィンドウが画面上に置かれていることがポイントであり，画面上での位置に特定の意味づけはなされていない．もちろん各人は，ゴミ箱アイコンは画面の左下隅などといった具合に，それぞれのアイコンのレイアウトを自分なりに整理していることだろう．しかしながら基本的には作業の邪魔にならないよう，また使い勝手が悪くならないように"適当に"配置しているにすぎない．2次元の対話空間が眼前に広がっているということを考えれば，単に要素の視覚化に限って利用するのではもったいない話である．

　要素自身が画像のような2次元構造をとるか文字や数値といった1次元構造をとるかは別として，要素間の対応関係の記述に2次元空間を活用しようと考えるのは当然といえる．そのような場合の主な表現形式には**表**，**フォーム**，**図式**がある．図3.5に例を挙げる．

　表はデータの集合を行と列の2次元構造で表現するもので，スプレッドシートソフトウェア（例えばマイクロソフト社のExcel）あるいは関係データベースに具体的な例を見ることができる．前者にあっては，データ要素（**セル**と呼ばれることもある）が縦横方向に並べられており，それぞれの縦または横方向ごとに各種のデータ処理（例えば平均）が行われる．後者の関係データベースでは，表をなすそれぞれの行はひとまとまりのデータ（**タプル**と呼ばれる），列はそのようなデータを特徴づける項目（属性）を表す．例えば，ある学生個人のデータがひとつの行にまとめて記述され，列には学生番号，氏名，学科，住所などの属性項目が並ぶ．

　次にフォームであるが，これは表をもっと一般化したものと理解できる．表のように要素が理路整然と並んでいる必要はない．具体的な例のひとつには手紙が挙げられる．右上に置かれる記述は日付，中央部にあるのが本文，その右下辺りにあるのが差出人と解釈される．それらのパート要素に厳格な配置が決められているわけではなく，もっと緩やかな位置関係でもって全体が構成されている．顧客登録の画面で氏名，住所，電話番号などを入力する場合もこのようなフォーム形式をとることが多い．

3.5 表，フォーム，図式による視覚化

学生番号	氏名	学科	住所
141001	安倍	情報	川津西
141032	田沢	情報	学園通
142008	木村	電子	川津東
143016	亀井	機械	殿町

(a) 表

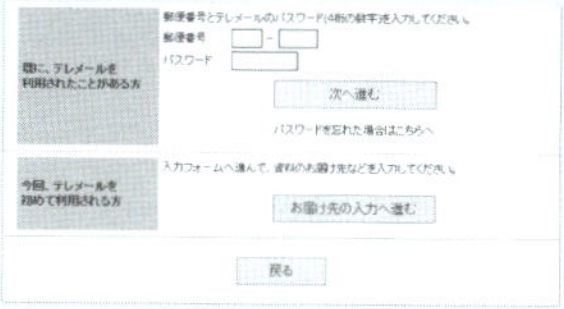

(b) フォーム

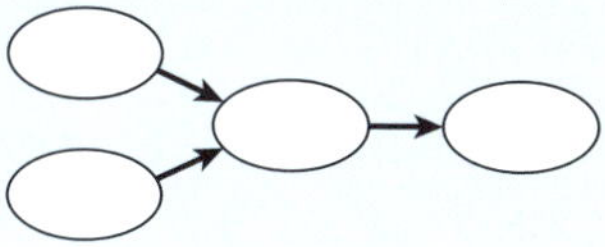

(c) 図式

図 3.5 表，フォーム，図式の例

最後に図式はいわゆるダイアグラムやフローチャートによる表現形式であり，要素間でのデータあるいは制御の流れは線のつながりで表現される．ただしここで，要素を視覚化するシンボルはアイコンほど具体的なものではなく，丸とか四角といった単純な形状が多用される．一方で，表やフォームと比べると空間位置に付与される意味づけは希薄であり，要素同士の関連は主に結線関係に委ねられる．ちなみに余談だが，最もよく知られたダイアグラムの例は 1933 年に製作されたロンドン地下鉄の路線図である．情報デザインの記念碑的作品としても挙げられる．

上記の視覚化手法においては空間的な位置（配置）に意味があることは述べた通りだが，このことに関連して **WYSIWYG**（what you see is what you get）という概念に言及しておこう．ウィジィウィグと発音するが，見たままのレイアウトの文書が印刷できることを表現する造語である．具体的な応用機能としては**デスクトップパブリッシング**（**DTP**）として達成され，おかげで文章や表，図表，画像，写真などといった要素を画面上で自在に組み合わせた文書を作成・印刷することができるようになった．それまでは印刷会社に依頼するしかなかった同作業が，個人の手に届くようになったのである．今日にあってはごく当たり前のことであり，読者にとっては逆に驚きかもしれない．

3.6 ソフトウェア開発への視覚化利用

1980年代中頃から90年代にかけては，視覚化技術がソフトウェア開発の生産性を高める手段のひとつとして期待されて研究開発が活発化した．紫合は，感性的な側面が強い要求を論理的なプログラムにマッピングする過程において，視覚化というアイディアは感性をできるだけ保持したままプログラムにまで落とし込むことを可能にすると指摘した[18]．

ソフトウェア開発への視覚化利用の取組みは，視覚化技術をどのような場面に適用するかによって，**ソフトウェアビジュアライゼーション**（software visualization）と**ビジュアルプログラミング**（visual programming）の2つに大別できる．

ソフトウェアビジュアライゼーションは，プログラムに係わる情報を可視化しようとするものである．可視化の対象には関数やモジュールの呼出し関係，データ構造，ディレクトリ／ファイル階層などが含まれ，それらが図式表現などを用いて可視化される．

なお，表示すべき情報の量が多くなってしまったとき，対象とする要素すべてを指定の領域内に収めることができない事態に直面する．あるいは領域内に無理にでも押し込めようとすれば，個々の要素を小さく描画せざるを得ない．そこで，すべての要素を均等に縮小するのではなく，重要度に応じて縮小率を変えることで（例えばカーソルが置かれている地点の情報は極力縮小しない），全体を大まかに眺めつつ注目箇所については詳細が分かるように見せることを可能にする **Focus+Context** 技術が提案された．いわゆる魚眼レンズを通して対象世界をのぞいている格好である．

プログラムには静的な構造の他に動的な振舞いも含有される．後者を可視化しようとする試みは**アルゴリズムアニメーション**（algorithm animation）と呼ばれる．データが実際どのように変化していくかということをアニメーションで具体的に示すことによって，プログラム（のアルゴリズム）理解を支援する．一例として，ソーティング（並べ替え）のアニメーション風景をキャプチャした画面を図3.6に示す．他のアルゴリズムについても興味がある読者には文献[19]などが参考になる．

3.6 ソフトウェア開発への視覚化利用

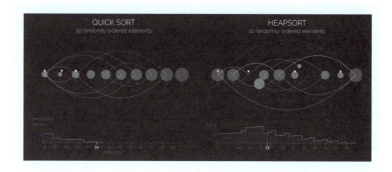

図 3.6　アルゴリズムアニメーション（ソーティング）[20]

一方，プログラムそのものを視覚的に記述できるようにしようとする試みがビジュアルプログラミングである．例えば筆者らが開発した HI-VISUAL システムでは，データと機能のいずれの性質も併せ持つという意味でのオブジェクトがアイコンとして視覚化されており，画面上でのそれらの組合わせによって処理を記述することができるようになっている．

実用化されたビジュアルプログラミング言語も少なくない．prograph や計測用の LabVIEW，音楽／マルチメディア向けの Max，ゲーム開発向けの virtools などを例に挙げることができる．最近では子供向けに種々のビジュアルプログラミング言語も公開されており，マサチューセッツ工科大学の MIT メディアラボで開発された Scratch，文部科学省のプログラミンなどに例を見ることができる．一例としてプログラミンのプログラムを図 3.7 に見てみよう．犬のキャラクタを左右に移動させてはジャンプという操作を繰り返すプログラムであるが，基本要素を画面上で視覚的に並べるだけでプログラム記述が完成するようになっている．

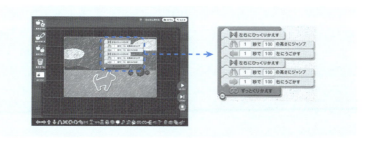

図 3.7　ビジュアルプログラミングの例（プログラミン）[21]

● 演習問題

☐ **3.1** CUI と GUI のそれぞれの利点と欠点についてまとめよ．

☐ **3.2** GUI において錯覚がうまく活用されている事例について考えてみよ．

☐ **3.3** GUI 操作時における人間の動作をモデル化したひとつの有名な法則にフィッツの法則がある．これについて調べよ．

☐ **3.4** Focus+Context 技術の具体的事例を調べよ．

コラム　GUI 開発の歴史

　GUI を世に知らしめたコンピュータとして Alto と Macintosh を本文中で紹介した．しかし，基礎となるアイディアの誕生はもっと以前にさかのぼる．大型汎用コンピュータが主流の時代にあって，個人用のコンピュータという考え方を打ち出したのがブッシュ（V. Bush）である．彼が 1945 年に発表した Memex では，ヒューマンインタフェースの視点に加えてハイパーテキストの元となる概念も打ち出されていた．一方，サザーランド（I.E. Sutherland）が 1963 年に発表した Sketchpad はグラフィクスを活かした対話型システムであり，GUI の先駆けであった．さらに，より今日の GUI に近い形に磨きがかけられたのが NLS である．1968 年にエンゲルバート（D.C. Engelbart）が行った NLS のデモンストレーションは歴史に残る．彼はマウスの父とも呼ばれている．　　　　　　　　　　　　　　　　　　　　　　　　　　○

第4章

モダリティの拡充

　視覚が主たる情報収集器官であることを考えれば，視覚系を刺激するヒューマンインタフェースが先行して開発・普及したことは自然なことであった．いうまでもなく人間は五感を駆使して相手の様子や外界の状況を獲得している．このことから，視覚以外の感覚器も活用する方向にヒューマンインタフェースの開発競争が移行・拡大しつつある．第4章ではそれらのアプローチについて整理する．

マルチモーダルインタフェース
聴覚インタフェース
触力覚インタフェース
嗅覚・味覚インタフェース
ノンバーバルコミュニケーション
ジェスチャインタフェース
視線インタフェース
アンビエントとアウェアネス
社会的インタラクション
ブレインマシンインタフェース

4.1 マルチモーダルインタフェース

　人間は，音声による言葉はもちろん，ジェスチャ，視線，表情などといった複数の伝達手段を通して発せられるメッセージを読み解くことで，相手との意思疎通を図っている．このような事実を考えれば，コンピュータもそういった複数の伝達手段を受け入れる能力を備えるべきといえる．ここで伝達手段のことを**モダリティ**（modality）と呼び，複数の伝達手段によるインタラクションを可能にするヒューマンインタフェースは**マルチモーダル**（multimodal）**インタフェース**と呼ばれる．

　改めてマルチモーダルインタフェースの優位性は説明するまでもないかもしれないが，釣り上げた魚の自慢を友人にすることを考えてみよう．「60センチほどもある魚を釣ったよ」と言葉だけで説明することもできるが，それよりは両手を広げつつ「こんなに大きな魚だったよ」といった伝え方のほうが相手を引き込むには好都合だろう．声のイントネーションやリズムも，それに見合ったものを組み合わせるに違いない．メッセージは，それに見合ったモダリティを使うことで，内容をより活き活きと相手に伝えることができる．

　マルチモーダルインタフェースの先駆的な事例としては，1980年に米国マサチューセッツ工科大学のメディアラボで開発されたPut That Thereシステムが有名である．音声とジェスチャの組合せで織りなす新たなインタラクションの姿を具現化した．具体的には，図4.1に示すようにスクリーンを眼前にして人が椅子に座っており，スクリーンのある一点を指さしながら「あれ（that）を移動せよ」と発声した後に，改めて別のスクリーン地点を指しながら「そこに（there）」と声を出すと，最初に指さした先にあるオブジェクト（例えば黄色のダイヤモンド図形）が後に指さした先の位置に移動する．具体的に「黄色のダイヤモンド図形」などと説明する必要はなく，「あれ」とか「これ」と声を出したタイミングでジェスチャによって指し示された「もの」が識別され，操作対象とみなされることがポイントである．

　なお，Put That Thereシステムと同様，複数のモダリティを活用しようとする試みは，古くはSensoramaにも例をみることができる．これは1960年代初めに製作された，五感を刺激する娯楽向けシミュレータである．座席に座り頭の位置にあるフードをのぞき込み，バイクのようなハンドルを握れば，街

図 4.1 Put That There システム

の風景が眼前に映し出され，エンジン音とともに振動も感じ取れる．前方からの風を顔に受けながら，時にはおいしそうな匂いまでしてくるようになっていた．同様な仕掛けは，より精巧で刺激的な内容になってはいるが，今日のテーマパークでも見かけられる．ただし，それらではシステムから人間への一方向の情報提示にとどまっており，Put That There をはじめとするマルチモーダルインタフェースが目指す双方向インタラクションとは趣旨が異なっていることを指摘しておきたい．

 20 世紀の偉大な音楽家であるガーシュウィン（G. Gershwin）が作曲したラプソディ・イン・ブルー．テレビドラマとして放映された「のだめカンタービレ」ではエンディング曲として，また作品内で S オケが文化祭で演奏した曲としても用いられているが，これはクラシックとジャズを融合させた作品として高く評価されている．ヨーロッパのそれぞれの地で育まれた（クラシック）音楽が，19 世紀から 20 世紀にかけて，技術革新に伴う人間の移動機会拡大によって世界各地の音楽と混じり合い，新たなジャンルとして生み出された．異種の結合・融合は人間にとって常であり，GUI を軸に着実に発展し完成の域に入ってきた感のあるビジュアル（ヒューマン）インタフェースにあっても例外ではいられなかったといえるかもしれない．

 以降の節では，マルチモーダルインタフェースを構成する主要なモダリティについて説明しよう．

4.2 聴覚インタフェース

アイコンは視覚に訴える情報表現形式であるが，聴覚を視覚に代えて用いるアイディアが1980年代終わりに提案された．これが**イヤコン**（earcon）であり，アイコンの先頭文字のiと同音であるeye（目）をear（耳）にもじって作られた造語である．言葉によらない（いわゆるノンバーバル：4.5節に詳述）音によってオブジェクトや機能，イベントを表現することが目指されたのである．

コンピュータの電源投入時やエラー発生時に単一波形音が提示されることが多いが，事象の発生の有無を提示するにすぎないという意味で，それらは最も単純なイヤコンの例である．一方，核となる要素ごとに個別のメロディまたは音属性を割り当てておき，それらの組合せでもって異なる複雑な事象を表現しようとするアプローチもある[22]．図4.2に示すように，テーマパークのアトラクションをその種別，怖さ，料金で分類し，それぞれの属性を使用楽器，メロディ，音の高さでもって表現することで，アトラクションごとのイヤコンを組み立てるといった具合である．

GUIの発明当初は提供されるアイコンも多くなかったこともあり，その判読性は高かったが，昨今ではアイコンが意味する内容を事前学習なしには理解できないような事態になっている．イヤコンの場合にはさらに意味と表現内容（音）との関連づけに恣意性が強い．ガイドラインも提唱されているが，多彩な事象を音で伝達しようとする際には十分な検討が必要である．

近年，聴覚インタフェースとして熱い視線を集めているのは音声対話技術である．これには音声合成も含むが，ここでは**音声入力**に焦点を当てて紹介したい．発話者の喋った言葉の内容をコンピュータで理解する技術である．音声入力に関する研究開発は以前から継続的に行われてきたが，これまでの技術の蓄積の上に，さらにウェアラブル（6.2節に詳述）機器の導入が開発競争の動きを加速させている．

例えば，片手に収まるスマートフォンを前提とすれば，そこにフルキーボードを提供するのは困難である．フルキーボードを備えたBlackBerry端末が一時は市場を席巻したが，筐体にすべてのキーを配置するべく必然的にひとつひとつのキーの大きさは小さくせざるを得なかった．キーは小豆大であり，指先で押すにはあまりにも小さい．スマートフォン利用者の大部分が使っているテ

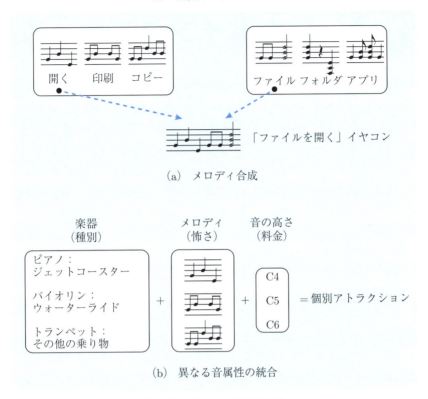

図 4.2 イヤコンの構築方法

ンキー方式では少しは使い勝手も改善されるが，音声入力を使えばキー入力のストレスから解放される．

加えて，歩行中にスマートフォンを操作しようとする場合には，そもそもキーボード入力の行為自体が危険である．運転時のカーナビ操作にあっても同様である．歩行やステアリング操作といった，その時点の人間の主たる行為に深刻な影響を及ぼすことなくシステム操作を可能にする音声入力は理に適っている．

音声入力に対する我々の認識を変えたソフトウェアのひとつにアップル社のSiri がある．単に音声入力を可能にするだけでなく，一般の人が会話するような自然な口調の発話内容を理解する機能を有しており，電話をかける相手を音声で伝えることはもちろん，送るメッセージを口頭で記述することの他，起動するアプリを声で指示することもできる．

4.3 触力覚インタフェース

視覚と聴覚に続き導入が進みつつあるのが，**触覚**（tactile）に係わるインタフェース技術である．特に日常的な場面で広く導入されている触覚インタフェース技術に**振動**（バイブレーション）がある．授業中の教室や図書館，会議室など，携帯電話やスマートフォンへの着信を音で知らせることを控えなければならない場面にあって，マナーモードでの着信通知手段として広く活用されている．また，腕などに装着するウェアラブル機器の多くはディスプレイ装置を持たず，それに代わってイベント発生を人間に通知する際に振動が用いられることも多い．

単純な触覚刺激だけではなく，より多彩で高度な触感を実現する技術の開発も進められている．古くは，例えば点字ディスプレイなどのように，上下運動するピンを格子状に配置することで接触対象の形を表現する触覚提示装置がある．最近では，タッチパネルの表面を超音波振動させることで指との間の摩擦力を変化させてツルツル感やザラザラ感を提示する技術や，小型の装置の中に組み込まれた駆動系素子の複雑な振動パターンが人間に引き起こす錯覚を用いた触覚提示の技術も開発されている．服の購入時には単に商品のサイズだけではなく生地の手触りなども重要なチェックポイントであるが，そういった確認がネットワーク越しに出来るようになれば恩恵は大きい．

なお，指先にある指紋は滑り止めと長らく考えられてきたが，高度な触感覚を得るために欠かせないものであることが分かってきた．物体表面のテクスチャを知りたいときには，我々は指先を物体に押し当てて揺するが，それによって生じる振動刺激に対し，触覚受容器のひとつであるパチニ小体は 250 Hz 付近で最も高い感度を示す．視覚の時間分解能は数 10 Hz にすぎないことを考えれば，かなり微細な変化を捉えることができる．このとき指紋の凹凸は当該周波数の振動を増幅するように働き，最終的に触覚感度を高めることに貢献しているという[23]．

3 次元空間内の身体部位に触覚を提示する方法としては，図 4.3 の PHANTOM に代表される機械式の入出力デバイスがある．机上に置かれたベース台から伸びたアームの先に指を差し込んで指を動かせば，アームの角度

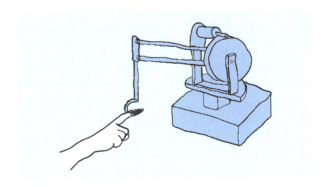

図 4.3　PHANTOM 概念図

から3次元位置を計測することができる．アームに取り付けられたアクチュエーターを駆動することで，逆に反力を人間に提示することもできる．このように対象の形状概要や質量などを手指の関節にかかる力として知覚させるような触覚は**力覚**（haptic）とも呼ばれる．

一方，触れて知覚できる実体を通して人間とコンピュータとのインタラクションを実現しようとする研究がヒューマンインタフェース分野にある．これが**タンジブルインタフェース**（tangible interface）である．これでは触覚を使った相互作用に中心的な関心があり，触覚・力覚を実現するデバイスの開発研究とは一線を画している．人間にとっては実世界の物体が直接操作対象として使用されるため，正しいメンタルモデルを容易に構築できる点で優れている．

この取組みの発端となったのは，石井の唱えた**タンジブルビット**（tangible bits）[24] であり，さらにはワイザー（M. Weiser）が夢見た透明な（invisible）インタフェース[25] にルーツを見ることもできる．

石井によって生み出されたシステムをいくつか紹介しよう[24]．musicBottles では，ディジタル世界との接点にガラス瓶が用いられている．ふたを開けて，そこから飛び出した音が小鳥のさえずりであれば晴れ，雨垂れの音であれば雨模様といった具合に，今日の天気を知らせてくれる．また，砂を使って表現された山や谷といった3次元の形状をコンピュータで捕捉し，その形状に見合った映像（例えば等高線）を砂の上に投影する SandScape というシステムもある．砂という素材を介してコンピュータを操作することができるという点で画期的である．

4.4 嗅覚・味覚インタフェース

　視覚，聴覚，触力覚を活用したヒューマンインタフェースは実用域に入っているが，残された嗅覚と味覚についても研究者が手をこまねいているわけではない．近年では，それらの研究開発が活発化している．なお，味覚も嗅覚もともに化学物質に対する感覚である点で，物理的な刺激を感受する視覚，聴覚，触覚と異なっている．その内容は言葉に表現しにくく，情緒に作用する感性の感覚情報でもあることをまず指摘しておこう．

　感覚の中でも最も原始的といわれる嗅覚であるが，匂いに関するこれまでの取組みは，食品・飲料や化粧品，医療などの応用分野で先行している．そこでは基本的に匂いの強さの判別にとどまっており，匂いの種類の識別はできていない．バラの花の匂いもゴミ捨て場の匂いもひとまとめにされてしまっている．匂いの情報をヒューマンインタフェースに適用するには，強さはもちろんのことながら，匂いの種類が判別できなければ意味はない．なお，匂いの種類は数十万程度存在する一方，人間の受容器が反応する匂いの分子は350種類程度ということが知られている．

　匂いセンサにあっては，生体嗅覚の場合と同じく，特性の異なるセンサを複数組み合わせて匂いの特定が行われる．センサから得られる応答パターンの処理には，多変量解析やニューラルネットワーク，また近年ではサポートベクターマシンが用いられる[26]．

　一方，香りを提示する**嗅覚ディスプレイ**と呼ばれる装置の開発も進められている．香りの提示方法としては，鼻先に香り提示用ノズルを設ける方式[26]，空気砲を用いて特定の地点に匂いを放射する方式[27]，2次元ディスプレイの四隅から香りを提示する方式[28]などがこれまでに提案されている（図4.4）．

　加えて，ヒューマンインタフェースの観点からは，任意の香りをリアルタイムに合成できることが求められる．数十種類の香りの素（**要素香**）を任意の比率で混ぜ合わせて調合し，所望の香りを発生させる研究も進められている．どの要素香をどれだけの量で組み合わせれば期待する香りが合成できるかというデータベースの構築も今後重要になる．

　また，呼気のタイミングで香りが提示されても人間には知覚しにくい．吸気

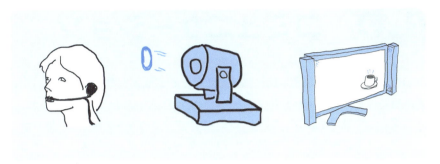

図 4.4 香り提示の方法

のタイミングで提示することができれば，より少ない量で人間に香りを伝達することができる．当然ながら使用量が少なければ，それが消失するまでの時間を短縮することもできる．精密な射出制御を可能とし，被験者の知覚レベルを詳細に実験評価することを可能にするパルス射出の技術開発もある[29]．

一方の味覚については，それを計測するセンサの開発に拍車がかかっている[30]．例えば九州大学には2013年に味覚・嗅覚センサ研究開発センターが設置され，特に味覚センサを中心に開発が進められている．センサの先端には人工の膜がつけられており，食べ物を溶かした液体や飲み物の提示を受けて膜に発生する電圧の変化を捉えることで味を判定する．

なお，味は甘味，苦味，うま味，塩味，酸味の5つの味成分によって数値化できることが明らかになっている．牛乳に麦茶と砂糖を混ぜるとコーヒー牛乳の味になることが知られているが，このことも客観的に示すことができる．これによって本来の材料を用意することなく所望の味を作り出すことも夢ではなくなる．

このような現在の味覚研究にあっては，味の分析とその応用（特に食品や薬の製造）に力点が置かれているが，ヒューマンインタフェース開発の視点からすれば，さらに一段上った研究開発が必要である．嗅覚の場合は空気中に匂い物質を提示すれば対象物に接しなくても匂い情報を提示することができるが，味覚においては舌と呈味成分との直接の接触が不可欠である．味覚を提示するためのインタフェース，いわゆる味覚ディスプレイを口腔内に装着する必要がおそらくあるが，舌の動作にも支障がないような実装が果たして実現可能か，その成否は今後の研究にかかっている．

4.5 ノンバーバルコミュニケーション

　自分の意思を相手に明示的に伝える手段として我々人間は言語をもっている．言語は強力な表現力をもつ一方で概念的・論理的な面があり，主に口で話す言葉として表現される．このような，ある意味での硬さを補完し，細やかなニュアンスを組み合わせることでコミュニケーションがより活き活きとすることを我々は知っている．両者を対比する意味で，言葉による表現手段は**バーバル**（verbal）**コミュニケーション**，それ以外の言葉によらない付加的な表現手段は**ノンバーバル**（non-verbal）**コミュニケーション**と呼ばれる．

　ノンバーバルコミュニケーションの具体的な実現手段には，周辺言語（パラ言語），身体動作，対人接触，対人距離，体格・容貌，衣服・装飾品などがある．

　周辺言語とは，発話に含まれるイントネーションやリズム，ポーズ（間），声質などといった，言葉に附随して運ばれるものである．例えば「分かりました」という言葉でも，普通に喋れば単に了解したという意味合いであるが，勢いをつけたり間を変えた言い方をすれば，受け手にまったく異なる印象を与えることもできる．このような「言い方」の部分が周辺言語である．文字だけで表現するメッセージの場合，真意が伝わらず思わぬ誤解を招くことがあるのは，このように周辺言語にかかる部分が欠落しているためである．一方，2013年に公開された映画「her／世界でひとつの彼女」が話題になった．主人公の男が恋心を抱いた相手は「声」だけをもつプログラムであったが，惹かれた理由は言葉だけにあるのではなく，周辺言語が伴ってこそのロマンスだったに違いない．

　身体動作はいわゆるジェスチャである．エックマン（P. Ekman）はこれを表象，例示的動作，情動表出，調整子，身体操作の5つに分類した．**表象**は，会話に代えてメッセージを伝達するために使われる意図的・記号的な動作であり，「はい」「いいえ」を表すための首の動きとか，静粛を表すために垂直に立てた指を唇のところにもってくる動作などがこれにあたる．**例示的動作**は，発話内容を強調したり補足したりする動作であり，例えば物の大きさを表現するときに空中で手を広げる動作などがある．言葉と一緒になって初めて意味が伝わることに注意しておいてほしい．次に**情動表出**とは，情緒的な状態や反応を示す表情や身振りのことであり，個人が意識することなく表出される点が特徴で

ある．肩を落とすとか拳を握りしめるなどといった動作が該当する．**調整子**は話し相手に対して示す反応動作であり，これによって会話の進行を円滑にする．うなずきの他，視線を用いた合図などが例として挙げられる．**身体操作**は，身体のある部分を使って他の部分に何かをする動作で，例として手で頭をかいたり，舌で唇をなめるといったものが含まれる．

対人接触は言葉通り相手の身体への接触を意味する．「元気にやれよ」といいつつ肩をポンとたたくようなケースである．言葉なしでも，相手の身体に手を差し伸べるだけで十分な気持ちを伝えることができる場合もある．

一方，話し相手との距離である**対人距離**もコミュニケーションに大きな影響を与える．ホール（E.T. Hall）は**近接学**というものを提唱し，次に挙げる距離帯を設定した．ごく親しい人だけに許される密接距離（45 cm 以下），私的な相手との会話が成り立つ個体距離（120 cm 以下），ビジネスの打合せに合致する社会距離（3.6 m 以下），講演時など相手の声のみでしかコミュニケーションが成り立たない公衆距離（3.6 m 以上）の4つである．

体格・容貌には身長，体型，ひげの有無，皮膚の色，頭髪などの特徴が含まれる．長身で筋骨隆々，さらには短く刈りそろえられた頭髪の 20〜30 代の男性を見たときには，警察官とかスポーツ選手といった職業を頭に描くことであろう．

衣服・装飾品も相手を読み解く際の手がかりとなる．ネクタイを締めている姿を見れば真面目な印象を受けよう．また，左手薬指に指輪を見つけたならば既婚者として認識し，それなりの対応をとることだろう．

ノンバーバルという捉え方は，先に紹介したマルチモーダルと類似していると感じた読者も少なくないかもしれない．ノンバーバルは他者とのコミュニケーションにおいて言葉を補完する手段であり，他者との係わりが前提である．一方のマルチモーダルにおいては他者の存在は必ずしも求められず，自分一人が周辺環境との間で取り交わすインタラクションも対象に含む．別の言い方をすれば，ノンバーバルが他者とのコミュニケーションの際に相手の心をどのように読み解くかということを人文社会学的な視点を軸に探ろうとするのに対し，マルチモーダルは人間が外界を捕捉するための実践的な手段，言い換えれば感覚器を軸にした工学的展開といえる．

4.6 ジェスチャインタフェース

マルチモーダルインタフェースと呼ぶときには，本来は複数のモダリティを有することが期待される．しかし，ビジュアルインタフェースを補完するという観点から，それ以外の特定のモダリティを取り扱う研究開発も広くはマルチモーダルの範疇に含められる．その代表格として，まずは改めてジェスチャインタフェースを紹介したい．

ジェスチャインタフェースとは，身振り手振りといった身体動作によって機械との対話を目指す技術である．これが一般に広く認知されるようになったのは，ディスプレイ上に表示されたオブジェクトに指やペンで触れて操作できる**タッチパネル**の出現に端を発する．マウスと比べると，人間は画面上に現れたオブジェクトの中から必要なものを直接指さして選ぶという極めて日常的な動作で機械を操作することができる．銀行のATMなどには比較的早い時点に導入され，今日のスマートフォンにあっては見慣れた風景である．

当初のタッチパネルでは一度にひとつの座標位置を検知するにとどまっており，素人がピアノの鍵盤をたたくように，一本指でひとつずつ順番に選択・指示するといったインタフェースデザインが主であった．ATMに実装されている操作画面を思い出していただければ分かるように，マウスの単純な置き換えといえなくもない．

一方で，ジェスチャインタフェースという場合は，今日的には連続した動きに注目すべきである．スマートフォンに実現されているスワイプやフリックといった操作などがこれにあたる．さらに，一度に複数の位置を指定することができる**マルチタッチ**技術の開発がジェスチャ操作の普及に弾みをつけた．対象とする地図や画像を縮小・拡大する操作として，二本指を近づけたり離したりするピンチイン・ピンチアウト，また2点を指定した後に回転することで対象を回転させることもできる．

ところでスマートフォンは手に収まる大きさであるが，人間にとってサイズを大きくするという思考は自然のようである．テーブル状のジェスチャインタフェースの開発が2000年代に入った頃から始まり，2007年頃には具体的な製品が市場に投入されるようになった．マイクロソフト社のSurface（現在はPixelSenseと改名），三菱電機の米国研究所によるDiamondTouchが有名である．

指の動きだけでなく，テーブル上に置かれる道具の底面にマーカを添付しておくことで，それらを識別することもできる．例えば，レストランでワインを注文し，そのグラスがテーブル上に置かれたときには，その銘柄やワイナリーに関する映像を提示するといった具合である．また，スマートフォンやディジタルカメラなどの場合には，電子的なタグ情報を読み取ることで同様な識別が達成できる．その上，それらとテーブルとの間でクレジット情報や撮影画像などといったデータを交換することも容易に行える．

さらに，テーブルサイズのタッチインタフェースがスマートフォンの場合と決定的に異なるのは，そのような形態は多数の人間が参加する機会を自然と提供する点である．しかも対面する位置関係に立つことが少なくない．画像であれば大きな問題にはならないかもしれないが，文章を表示する場合は特段の配慮が必要である．ある人からみて正立する文字も，対面する人からみれば逆さまになってしまう．

一方，タッチパネルを用いた手指動作より一歩進んで，4.1節に紹介したPut That Thereのように，腕や体を機械とのインタラクションに用いるアプローチが最近では目白押しである．そのきっかけを作り出したのが，日本では2010年に発売開始されたマイクロソフト社の**Kinect**である．元々は同社のゲーム機であるXbox 360のコントローラとして販売された．飛び上がったり足を蹴りだせば，ゲーム内のキャラクタもそれに合わせて反応する．手持ちのコントローラは必要なく，誰もが直観的にゲームを楽しむことができるようになっている．また筆者らは図4.5に示すように水を媒体に用い，そこに差し込んだ手指や足によるジェスチャでシステムと対話するアイディアの実装を行っている．

図 4.5 水を媒体に用いたジェスチャインタフェースシステム

4.7 視線インタフェース

「目は口ほどにものをいう」という格言もあるように，目の状態から相手の心理を読み解くことができるといわれている．そのような目の状態のひとつである視線は，実際にその人の心理状態をよく表すポイントであり，それを読み解いて利活用しようという試みは以前から行われている．

技術的側面の話をする前に，すこしばかり心理学的な面について言及しておこう．視線の向きによって思考の振舞いも読み取れるといわれる[31]．左上を見ている場合は以前見た風景や過去の体験を思い出そうとしており，逆に未来のことを想像しているときは視線は右上を向くという．一方，身体に係わる記憶を呼び起こそうとしている場合は右下に視線が向く．このことを踏まえれば，例えば過去に遭遇したはずの案件についての質問に対して，本人の回答が真実であれば体験済のことなので視線は左上を向くが，そうでなければ右上に視線を向けるということである．

話を技術面に戻そう．**視線入力**を実現する装置（アイトラッカー）を使えば，人間が眼前にある対象物のどの地点を見つめているかを取得することができる．ハードウェア構成としては，デスクトップパソコンのディスプレイ脇に設置するタイプの他に，メガネに搭載するタイプのものも開発されている．後者の構成の場合，センサと眼の位置関係を固定することができる点で視線追跡ソフトウェアの実現にあたっては有利であるが，装置の装着を人間側に要請するという負担がある．センシング技術の向上に伴い，最近では前者のように視線入力装置をコンピュータ側に設置する方式が主流である．その場合にも頭は自由に動かすことができ，メガネやコンタクトレンズを装着していても動作に支障はない．

視線検出にあたっては，人間の眼球に向けて赤外光を照射することによって瞳孔を捉え，その情報を基に注視点を算定する方式が一般的である．注視点（眼球の向き）を計算するアルゴリズムが技術の核心であり，追跡精度を左右する．

視線入力は市場調査，ユーザビリティ評価，心理学実験などの応用の他に，近年では ALS（筋委縮性側索硬化症）や脳性麻痺，脳卒中などの後遺症のために手足を動かすことができない人であってもコンピュータが操作できるように

する手段として，活用の場が一般家庭の中にも広がりつつある．特に，家族や介護者とのコミュニケーションを図るツールとしての期待が大きい．そこではディスプレイ上に候補文字が一覧あるいは一文字ずつ順次切り替わりながら表示される状態の下で，所望の文字に焦点が当てられたときに行う瞬きを検出することによって，その文字が選択・決定されるというインタラクションスタイルが標準的にとられている．

価格的には，数年前までは視線入力装置は個人が購入するには高価であった．2014年になって100ドル程度にまで価格の下がった製品が市場に次々に投入されるようになり，ゲームを中心に視線入力の応用が広がりつつある．サイズ的にも小型化しており，タブレットに装着しても支障がない．例として，視線入力装置ではトップシェアを誇るTobii Technology社のEyeX，The Eye Tribe社のThe Eye Tribe Trackerなどがある．

近年の他の入力デバイスと同様に，視線入力装置でもソフトウェア開発キット（SDK）が併せて提供されるようになってきており，一般技術者・研究者らによるさまざまなアプリケーションの開発を後押ししている．また，映像の取得にはスマートフォン内蔵のカメラを用い，視線追跡機能をアプリケーションとして提供しているものもある．

なお，視線入力装置にあっては，使用に先立って**キャリブレーション**（初期調整）が欠かせない．各人の眼の個体差を吸収して安定した視線追跡を実現するための行為であるが，視線入力の応用拡大を目指すにあたっては，キャリブレーションの手間の軽減も課題になる．

4.8 アンビエントとアウェアネス

　ヒューマンインタフェースの設計にあたっては，基本的には人間とコンピュータとの関わりに興味や関心が向けられる．一方，1.3節にも述べた通り，コンピュータを介して人間同士が作業を行うような場面も今日では少なくない．複数の人間が共同で行う作業を情報機器の導入によって支援しようとする試みは **CSCW**（computer supported cooperative work）と呼ばれる．CSCW のためのシステムを**グループウェア**と呼ぶこともある．

　複数人が協調的に作業を行うような状況下にあっては，そこでのヒューマンインタフェースには新たな配慮が求められる．一例として遠隔テレビ会議システムを考えてみよう．現行の多くのシステムにあっては，ディスプレイモニタとカメラのセットが会議室の一か所に置かれており，会議参加者はモニタ画面に映し出されている他地点メンバーの様子を見ながら打合せを進める．

　残念ながらテレビ会議システムで使われている標準的なカメラの視野角は 70〜90 度である．水平方向におよそ 200 度もある人間の視野角に比べて格段に狭く，カメラが向けられている発言者から離れて座っているメンバーの様子は先方に伝えられない．また，カメラはモニタの上部または下部に設置されて両者の中心位置が異なることから，モニタ画面から観察される発言者の視線方向と実際に見ている方向とは一致しない．すなわちアイコンタクトが正しく実現できないという問題を抱えている．音声関係でいえば，相手方の発言者の声が，別の出席者の声や書類をめくる音などに被さることによって，聞き取りにくいこともある．これらの結果，場の雰囲気が十分に伝わらないと嘆くことになる．

　相手とコミュニケーションをとる際には，相手の直接的な発話内容や振舞いはいうまでもないが，そのまわりの様子も含めた場の状況が話の展開に少なからず影響を及ぼしているということに異論はないだろう．アイコンタクトの有無はもちろんのこと，相手はいま手が空いている状態か，内輪で話をしているのは誰と誰かといったような情報である．場所を同一としないグループメンバー同士の協調作業を支援するシステムの設計を行うときには，場の状況をどれだけ忠実に再現できるかがカギとなる．会議に参加している人が状況（文脈）に「何となく気づく」ことを**アウェアネス**（awareness）と呼んでいる[32]．

4.8 アンビエントとアウェアネス

アウェアネスを達成する具体的取組みのひとつとして視線の向きがある．この場合は**ゲイズ**（gaze）**アウェアネス**と呼ばれ，ネットワーク越しの相手との視線の一致を図った ClearBoard の試みが有名である[33]．図 4.6 に示すような透過型のディスプレイを挟んで向かい合う二人は，互いに相手がどの点を見ているか判別できるというアイディアに基づいている．これをネットワーク越しの環境の下に実現したところが秀逸である．

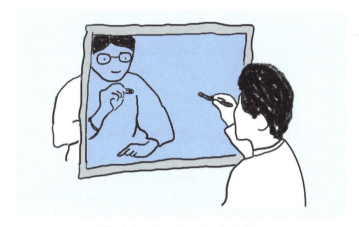

図 4.6　ClearBoard の概念図

ところでアウェアネスに類するアイディアに**アンビエント**（ambient）インタフェースがある．アウェアネスは遠隔協調作業のためのアイディアであるが，アンビエントは機械から人間への控え目な情報提示を表している．例えば，ハードディスクからカタカタといったいつもと違う音が聞こえてくれば，何か異変が起こりかけていると危機感を覚えるに違いない．また，あるイベント（例えば来客や降雨）が発生すると部屋の照明の色が変化するような設定も考えられる．ヒューマンインタフェース構築にあっては明示的なメッセージ表現を常に考えてしまいがちであるが，さりげない（普段は気づかせない）メッセージ表現という考え方もあることに気づいておいてほしい．

なお，アンビエントという用語は近年では，人間の置かれている状況をセンシングし，人間とのインタラクションによって，より適切な状態に人間を誘うアンビエント情報社会という位置づけの中で用いられるようになってきている[34]．

4.9 社会的インタラクション

　コミュニケーションという用語を用いるとき，その行動対象の人間同士は知り合いであると考えることが普通であろう．逆に，見も知らない人との間にはコミュニケーションはないと考えられている．列車の中であれ街中であれ，私たちは日々数えきれない人々とすれ違っているが，確かに言葉を交わすことはない．しかしながら，言葉をかけないということは，逆にいえば互いに無関心であるという（無言の，しかるにノンバーバルの）メッセージを取り交わしてはじめて成り立つわけで，ベイトソン（G. Bateson）はこれを**メタコミュニケーション**と呼んだ．コミュニケーショの成立はメタコミュニケーションの存在を前提とするのである[35]．

　このことは，言い換えればアウェアネスの必要性を主張する．ただし，アウェアネスというときには，相手あるいは環境の状態を知ることに力点が向けられる．人間は，相手の存在あるいは行動を知って自分のなすべきことを知り，その結果として人間関係そして社会が形成される．そのような事態を目の前にして，我々は人間行動の情緒的・深層的な意味にまで踏み込むことを避けることができない．これが**社会的インタラクション**である．

　人間は我々の祖先である霊長類も含め，なぜ集団による共同性を求める性向を持っているのかについて少し考えてみたい．ダンバー（R. Dunbar）は「社会性は霊長類の生存のまさしく根底にあり，進化上の主要な戦略であるとともに，他のすべての種との違いを明瞭にしている」と述べている[36]．また，言語がその成熟に係わっており，言語を使うということは原始的な毛づくろいと同じであるとの彼の主張は興味深い．

　言語を使った議論の冷たい論理を圧倒するには，より深遠で感情的あるいは情緒的なものが必要とされ，そのようなコミュニケーションの究極的な姿としての毛づくろいも将来的には実現されるかもしれないが，現時点では会話中の聞き手や参加者の笑い声や相づち，うなずきなどに注目することが妥当であろう．テレビ番組にあっては，スタジオでの聴衆の笑い声を，それが自然に発生したものか意図的に付け加えられたかにかかわらず，耳にすることが少なくない．笑い声の存在が一般視聴者の番組への引き込みに一役かっている．

4.9 社会的インタラクション

同様なアイディアを持ち込んだシステム展開としては，アバター（CGキャラクタ）あるいはロボット（アンドロイド／ジェミノイド）を介することで，自分が他の参加者と社会的に一体化するメディア場の創出を目指すものがある．ここでアバター／ロボットは遠隔地にいる別の人間の化身であっても，あるいはソフトウェアによって仮想的に作り上げられたものであっても構わない．

例えば，単身赴任している父親がネットワーク経由で自宅にあるロボットを通して家族の輪の中に入り，あたかも自宅で一緒に過ごしているかのような一体感や連帯感を感じることができるようになる（図4.7）．適切なタイミングでうなずきといったような身体動作などをロボットやアバターに行わせることで，他の参加者との会話を弾ませるきっかけとなり，場の一体感を高める効果があることも実証されている．

興味深いことに遠隔操作型のジェミノイド（人間酷似型ロボット）の場合，ジェミノイドを遠隔で操作している人間は次第にジェミノイドの体が自分の体であるかのように感じるようになり，例えばジェミノイドの頬をつつくと操作者はあたかも自分の頬がつつかれたという錯覚を覚えるという[37]．ジェミノイドの体に自分が乗り移る，あるいは幽体離脱が現実のものとなる．一般のテレビ会議とは違って，「本人」が先方の会議室にいることによる新たなインタラクションの形をそこには見ることができる．

かのデカルト（R. Descartes）は「我思う，ゆえに我あり」と述べたが，ジェミノイドが社会に普及し始めると，インタラクションの意味を再考する必要性も生じよう．自己と他者の区別，そもそも人間とは，といった根源的な問いに正面から向き合うことが要求される．

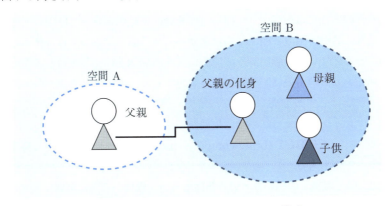

図4.7 社会的インタラクションの一構成

4.10 ブレインマシンインタフェース

　ブレインマシンインタフェース（brain machine interface：**BMI**）は，その言葉が示す通り，脳と機械とを直接結び付けようとする試みを指す．これまでのヒューマンインタフェースにおいては，人間はイメージした目標が達成されるように自らの身体を動かし，その思考を機械に伝える必要があった．このこと自体は，我々人間が生き物として環境の中で自立して生活していくために備えた能力を素直に活かしたやり方であり，理に適っている．一方で，先にみてきたように，外界の事物・事象とその知覚結果が必ずしも一致しないという事態が発生し，ヒューマンエラーが避けられない．また何らかの事情で特定の感覚器が機能しない場合もある．それならば脳を直接機械と結び付けようと考えるのも，また自然な流れである．端的に言えば「念じるだけで伝えられる」究極のヒューマンインタフェースになり得る．

　このような技術開発への挑戦にあたっての問題のひとつは，いかにして脳とリンクするかである．これには侵襲型と非侵襲型の2つのアプローチがある．

　侵襲型とは，手術により脳に電極を埋め込むタイプで，脳組織や生体に不可逆的な損傷を与える．BrainGateというデバイスが有名であり，それでは100本の細いシリコン電極が4mm角のチップに設けられている．またブラウン大学ではBrainGateデバイスからの信号を体外に無線で通信する技術を開発し，豚とサルによる実験では1年以上にわたり正常に動作することを実証した．

　もう一方の**非侵襲型**は，そのような外科手術を必要としない．具体的な生体情報取得の方法には脳磁計（MEG），機能的磁気共鳴画像法（fMRI），近赤外分光法（NIRS），脳波（EEG）計などがある．これらについては身体へのリスクはほとんどないが，脳磁計や機能的磁気共鳴画像法は身体を包むほどの機器サイズであり，適用先は脳情報解読に限定される．近赤外分光法や脳波計では空間分解能は必ずしも高くないが，頭皮に簡便な電極を装着する方式であり，ヒューマンインタフェースへの応用展開が近い将来期待できる．なお，非侵襲型のアプローチを**BCI**（brain computer interface）としてBMI（侵襲型）と区別する主張もある．

　一方，脳と機械との係わりという側面からは，機械から脳に情報伝達する「入力型」，脳から機械に情報伝達する「出力型」，脳内の情報処理に着目する「脳

情報解読型（デコーディング）」の3つがある．

　入力型の例として，ドーベル（W.H. Dobelle）が失明患者に施術した試みを紹介しよう．患者はカメラを取り付けたメガネを装着し，取得されたカメラ映像はコンピュータ処理された後，脳表面に貼り付けた電極に送られて患者の視覚野を刺激する．複数箇所を刺激すると複数の光の点を感じることができるため，これによって電光掲示板のような形態視が実現できることになる．患者は1.5mほど離れた位置から5cm大の文字を読むことができたと報告されている．

　出力型の例としては，先に紹介したBrainGateを四肢麻痺の患者の脳に埋め込み，実際にコンピュータ操作ができることを実証したブラウン大学での試みがある．同大学ではその後，ロボットアームでボトルを口元まで搬送してコーヒーを飲むといった3次元空間操作までも達成可能であることを示した．これらは侵襲型での試みであるが，非侵襲型を用いた試みのひとつにATRが国内の企業，大学と共同で実施したプロジェクトがある．住宅を模した部屋の中にあって，車いすに座った人間の脳波活動をEEG/NIRSで捉え，その信号を解析することで，カーテンやドアの開閉，照明のオンオフなどの操作ができる．屋内には多数のセンサも組み込まれており，脳活動情報と連携させることによって，安全・安心な生活環境の実現を目指している．

　情報解読型の試みとしては，人間が観察している点滅視覚刺激の形状がfMRIデータから推定できることが2008年に発表された．また2013年には，睡眠中の脳の活動パターンから夢の内容を解読することにATRが成功した．そこでもfMRIが用いられており，「女性」や「本」など約20のカテゴリについて，夢の中に登場していたかどうかを高い精度で判定することができたという．

　BMIは障がいをもつ人々に朗報であることは間違いないが，一方で倫理的な議論も今後不可欠である．川人らはロボット工学3原則に則ってBMI倫理4原則を提唱している[38]．このことを最後に記しておきたい．

- 戦争や犯罪にBMIを利用してはならない
- 何人も本人の意思に反してBMI技術で心を読まれてはいけない
- 何人も本人の意思に反してBMI技術で心を制御されてはいけない
- BMI技術は，その効用が危険とコストを上回り，それを使用者が確認するときのみ利用されるべきである

演習問題

□**4.1** 音声入力の利点と欠点を整理せよ．

□**4.2** ジェスチャ動作には国や文化などによって意味が異なるものもある．そのような例を調べてみよ．

□**4.3** 間接ポインティングと直接ポインティングのそれぞれの利点と欠点を整理せよ．なお，**間接ポインティング**とは，操作デバイスの位置がカーソルの表示位置と離れているようなもの（例えばマウス利用の場合）であり，一方の**直接ポインティング**はそれらの両者が合致しているもの（例えばタッチパネル利用の場合）である．

□**4.4** グループウェアを分類するときのひとつの捉え方として，時間（同期と非同期）と目的（通信と情報共有）の2軸に着目することができる．これによって具体的なシステムの分類を試みよ．

□**4.5** 医療や介護以外の分野へのBMI応用にはどのようなものがあるか調べてみよ．

コラム まぜる!!

『まぜる!!マルチメディア』といったタイトルで講演・出版した高城剛（KTC中央出版, 2000）．まぜることが新しい発想を生み出す原動力だという．しかも，混ぜ合わせた結果というよりも，その途中段階，すなわち過程にこそ，ドキドキする要素があると述べている．時には元のものが壊されたりしながら，それらが合わさって別の何か新しいものが生まれる．グローバル化という言葉で語られる活動も基本的には同じだろう．ただし，英語を話せるようになることがグローバル化ではない．相手と大人のコミュニケーションができるようになること．すなわち，文化的，精神的あるいは専門的なものでも何でも構わないが，自分の常識とのギャップに実際に触れ，そこに新たな可能性を見出すことができること．そういった能力を身につけることこそがグローバル化と考えたい． ○

第5章

身体と意識の統一

　モダリティの拡充により，人間は自らの要求をコンピュータに伝える自由度が格段に改善している．しかしながら，処理はコンピュータ世界で行われるという処理モデルは変わらず，いうなれば身体を実世界に残したまま意識（思考）だけをコンピュータ内部に振り向けることが求められる状態にある．身体と意識（思考）をひとつにまとめることは人間にとって好ましい．第5章ではそのための技術を紹介する．

ユビキタスコンピューティング
仮想現実感
拡張現実感
光学迷彩
プロジェクションマッピング

5.1 ユビキタスコンピューティング

　ユビキタス（ubiquitous）という言葉は一般社会にも比較的浸透した技術用語といえる．また，それは時代に翻弄された用語でもある．語源は至る所に存在するという意味のラテン語である ubique にある．これをゼロックス社のパロアルト研究所のワイザーが1991年発表の論文[25]で用いて広く認知されるようになった．その頃は高速ディジタル通信網を整備しようとする機運が高まり，米国では1993年にゴア副大統領の采配の下に情報スーパーハイウェイ構想という国家プロジェクトが大々的にスタートした．マルチメディアという用語がマスコミを賑わせていた時代でもあった．

　このようなブームと結び付けられ，いつしかユビキタス（コンピューティング）は「いつでも，どこでも」つながって使えるモバイルサービスといった意味で語られるようになる．しかしながら，これは大きな誤解であり，ワイザーが追い求めた夢は別のところにある[24]．彼の論文の冒頭の一行「優れた技術は目に映らなくなるようなものである．それは日常の暮らしの中に編み込まれ，溶け込んでいく．」という文章を改めてかみしめる必要がある．

　ユビキタスコンピューティングでは各人が望む行為に焦点が当てられ，行為の達成には何をどのようにすればよいかを行為者の視点で捉え直そうとしている．冷静になって考えれば当然の話であって，一般生活の場面にあってはコンピュータを使うことを目的とする人間は一人としていないはずだ．ある成果（例えば報告書の作成とか切符の手配）を得るために"仕方なく"コンピュータの操作法を学び，そして画面の前に座って操作しているにすぎない．本来，ユビキタスコンピューティングはヒューマンインタフェース開発にあたってのテーゼとでもいうべきものである．「見えないコンピュータ」あるいは「透明なインタフェース」といった表現のほうが我々には分かりやすいに違いない．もう少しかみ砕いていえば，各人がいる場所（環境）がそのまま作業空間になると考えることである．

　具体的には，コンピュータを人間の目に映らないように日常の生活道具の背後に隠すことでこれを実現する．ターゲットに据える道具には日用品や家電の他，最近では，装飾品や服にコンピュータ（機能）を埋め込むというアプローチもあ

る.スマートフォンが財布代わりになり,駅の改札口を通る際にいちいち券売機のところまで切符を買いに行く必要はない.一人暮らしの高齢者が「今日も元気だよ」といったメッセージを離れて暮らす家族に向けて発信するべく,悪戦苦闘しながら携帯電話を操作しないでも済む.電気ポットを使ってお茶を飲む行為が行われた時点で,そのことが家族にメッセージ送信されれば用が足りる.

コンピュータを組み込む対象は普段人間の意識にのぼる日用品,家電,装飾品にとどまらない.家にコンピュータを組み込み,そこに暮らす家族の行動や様子を捕捉して,日常生活を快適・安全にすることを目指す試みもある.古くは米国ジョージア工科大学のAware Homeや大和ハウス工業による実験住宅があり,近年ではお茶の水女子大学のOcha House,東京大学に建てられたダイワユビキタス学術研究館などの例がある.

入出力機器の視点からユビキタスコンピューティングを整理すると,支援対象とする人間の状況をその周辺環境情報も含めてセンシングする機能の他に,彼らに最適な形で情報を提示する機構の実現が求められる.センシングの技術発展には近年目を見張るものがある.第6章で改めて詳しく紹介したい.

一方,壁掛け・テーブル型(すなわち固定式)あるいは携帯・携行型(例えばスマートフォンや眼鏡型,さらにはeペーパー)の情報提示機構についても一定の技術的積み上げがある.しかし,それ以外の任意の物理的空間に情報をいかに提示するかが今後ひとつの課題になる.ひとつのアイディアとして,図5.1に概念図を示すように,カメラとプロジェクタをペアにしたものを複数セット天井に設置し,投影場所に応じてプロジェクタを選択的に使う**ユビキタスディスプレイ**と呼ばれる技術も提案されている[40].このようにして,居住空間内の壁や床といった至る所に情報を提示することが近い将来実現される可能性がある.

図 5.1 ユビキタスディスプレイ

5.2 仮想現実感

両面性は人間にとって永遠のテーマかもしれない．現実があれば仮想がある．人間の意識・感覚を現実から引き離し，コンピュータが作り出す仮想の世界に移行させることで，人間は仮想世界があたかも現実世界であるかのような感覚を持ち得る．これが**仮想現実感**（virtual reality）である．略して**VR**とも，また**仮想現実**と呼ばれることもある．**人工現実感**もほぼ同じ意味であるが，その場合は，遠隔でロボットを操作しているにもかかわらず，本人がロボットになり代わって操作している感覚を持つことができるような，いわゆる**テレイグジスタンス**技術を含む．人間の感覚にシステムを近づけることができれば，肉体と感覚器は必ずしもひとつの身体にまとまっている必要がないということを示唆しており，4.9節に紹介したジェミノイドを使ったシステムの話題と共通点がある．

仮想現実の構成要件として

(1) 人間が身（感覚）を置く3次元の仮想空間が構築されていること
(2) 仮想空間内を自由に移動できることを含め，リアリティのあるインタラクティブ性を提供していること
(3) 自らの身体がその空間内に置かれているという感覚が得られること

の3点が挙げられる．それぞれは**三次元の空間性**，**実時間の相互作用性**，**自己投射性**と呼称される．

このような仮想現実感システムの実現にあたっては，頭部装着型のヘッドマウントディスプレイ（head mounted display：**HMD**）を中核とする．HMDにはいくつかの種類のものがあるが，仮想現実感の場合は，その要請される機能から，眼前を完全に覆い隠す種類のものが都合がよい．一方，手の動きの入力用には手袋型のデータグローブあるいはマーカ付きのマウスが主に用いられる．データスーツは身体全体の動きを捕捉する必要がある場合に用いられる．また力覚ディスプレイを組み合わせれば力覚呈示も可能である．

なお，肉眼でも広い視野にわたってコンピュータ生成映像を見せられれば，HMDを用いなくてもその場に身が置かれたような強い錯覚を覚える．そのような部屋形状の映像提示システムとしてはCAVEが有名である．図5.2に構

5.2 仮想現実感

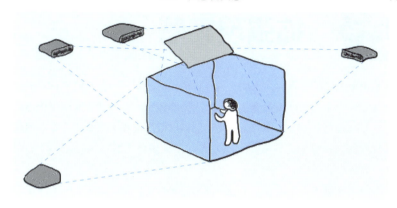

図 5.2 CAVE システムの構成

成図を示す．壁に見立てられた 3 m 四方のスクリーンが前面，両側面，床面などに設置され，それぞれのスクリーン背後からプロジェクタを使って映像が投影されるようになっている．航空機のパイロット訓練用に用意されているフライトシミュレータでは，コクピット正面に風景のコンピュータグラフィックス映像が提示されるようになっているが，これも HMD を用いることなく仮想現実感を実現している例である．

仮想現実感の技術を用いると，実際には行うことが不可能，あるいは難しい行為・活動であっても，あたかもその環境に実際に身を置いているかのような感覚を覚えることができる特徴がある．宇宙や深海または複雑な構造物（例えば原子力発電所プラント）の中を探索したり，手術前に術式の確認を行うこと，また建物や航空機客室の設計内容を実物を作り上げる前に確認するなどといった応用分野に技術展開されている．

また，近年ではゲームへの応用に改めて注目が集まっている．ソニーはプレイステーション 4 用のゲームを世界で発売する方針を明らかにした．その他にも，米国のオキュラス VR は小口で投資資金を集めるクラウドファンディングのサービス「キックスターター」を活用して HMD のオキュラスリフトの製品化に乗り出した．目標金額の 10 倍近い資金を集めた後，Facebook による買収が決定したことでも話題となった．

一世代前の仮想現実感システムには高価なハードウェアが要求されたが，技術進歩により民間水準の機器でも仮想現実感が実現できるようになり，仮想現実感の取組みは今まさに新たなステージに立とうとしている．

5.3 拡張現実感

　仮想現実感は仮想世界に人間を誘う技術であるが，一方で我々は現実世界から離れて暮らすことは不可能である．活動の舞台はあくまでも現実世界にとどめておくべきだという主張の下，現実世界に仮想情報を重畳することで現実世界を情報的に拡張しようという試みとして**拡張現実感**（augmented reality：**AR**）がある．

　拡張現実感は広告手段として近年注目を集めている．ポスターや雑誌のページにスマートフォンをかざすと，その紙面に重なる形で3次元のキャラクタやオブジェクトが現れる．当然ながらスマートフォンの視点を変えたり位置を移動させたりすれば，その動きにしたがってキャラクタやオブジェクトの向きや位置も変更される．このようなAR技術が世に認知されるきっかけとなったのは，ARToolkitというARアプリケーション開発支援ライブラリの存在が大きい．なおARToolKitでは実世界の識別用に特殊なマーカが用いられるが，近年では通常の画像をそのまま認識する技術も開発され，応用のすそ野が広がりつつある（図5.3）．

　一方，GPSによる位置情報などを利用して，現在位置や方角に応じて関連する情報を重畳表示するアプローチもある．代表的な例としてセカイカメラと呼ばれるサービスがある（2014年1月にサービス終了）．セカイカメラを起動したスマートフォンを街でかざすと，画面上には目の前の景色とともに，その場所に関連するエアタグと呼ばれる付加情報が表示される．

図 **5.3**　拡張現実感システム

5.3 拡張現実感

同様に，倉庫での商品管理や機器保守のための行動誘導や経路案内といった応用もある．

現実世界に仮想情報を重畳する手段としては，スマートフォンなどといった携帯端末あるいは眼鏡型の HMD が主に使われる．後者の場合，仮想現実感でも用いられているビデオ透過方式の他に，光学透過方式も利用可能である．それらの他にも，モバイルプロジェクタを用いる方法や筆者らが以前に提案したような透過スクリーンを用いる方式もある．これらの方式では，複数人が同時に同一のインタラクション空間を共有することができるという特徴がある．プロジェクション型 AR の場合，掌などに映像を映し出すことで，身体を操作環境とすることも可能である．

拡張現実感の実現にあたっては次の 3 点の技術的課題をクリアする必要がある．1) 現実世界と仮想世界の位置関係を合わせる，2) 仮想物体の質感や明るさを現実世界に合わせ，また陰影をつけるなどといった映像補正を行う，3) 現実世界での動きに合わせて仮想情報をリアルタイムに追従・同期させる．換言すれば，それぞれ幾何的，光学的，時間的な整合性を両世界の間で保証するということである．

拡張現実感を使うことで現実世界を情報的に拡張することができると述べた．その影響は単に知覚レベルに留まるのか，それともさらに深いレベルにまで影響を及ぼすのかといったことは興味深いテーマである．その一例として，**拡張満腹感**と名付けられた試みを紹介しよう[41]．それによると，食品（クッキー）の見た目のサイズを変化させることで，摂取する食事の量を加減することができることが示された．具体的には，手に持ったクッキーの大きさを拡張現実感によって大きく，あるいは小さく見せた上で満腹になるまで食べた量を，システムを使わない場合の摂取量と比較した．クッキーを大きく見せた場合の摂取量は平均で 9.3% 減少し，逆に小さく見せた場合には平均 13.8% も増加した．

拡張現実感と関わり合う**複合現実感**（mixed reality）や**代替現実感**（substitutional reality）といった概念もある．ミルグラム（P. Milgram）によれば，複合現実感には拡張現実感に**拡張仮想感**（augmented virtuality）を含めた解釈が与えられている．拡張仮想感は拡張現実感とは逆に，仮想世界を現実世界の情報で拡張しようとする考え方である．代替現実感は複合現実感に近いが，そこには時間の概念が持ち込まれ，現実と仮想について改めて問い直している点が注目に値する．

5.4 光学迷彩

　前節に紹介した拡張現実感の大多数は，仮想情報を現実世界に重ね合わせることによって現実世界の拡張を図っている．現実世界の情報は操作者の眼前に保持されることが基本であり，仮想情報が"加算"される．一方，必要に応じて現実世界の情報を消去したいという要請もある．すなわち情報の"減算"である．

　印刷の場合には，特定の色（波長）を遮り反射しないことで色が表現される．そのため，残念ながら黒色の印刷領域の上に別の色を提示することは光学的には無理である．実際，現実世界にあって濃い色の塗装面を別の色に塗りなおす際には，白色系の塗料を塗布し下地処理を施した後，改めて所望する色を塗るという作業を行う．同じように拡張現実感システムの実装にあたっては，光学透過方式ではなく，ビデオ透過方式のHMDを用いて対応することになる．ビデオ透過方式の場合は提示する映像をあらかじめコンピュータ処理することができるため，理想的には任意のオブジェクトを減算し，完全に消去して操作者の目に入らないようにすることが可能である．5.3節に紹介した仮想満腹感は，この方式を用いている．

　ただしビデオ透過方式のHMDの常時装着を人間に期待することは，少なくとも直ちには無理がある．これに対する別のアプローチとして，光学的に物体をカムフラージュする**光学迷彩**と名付けられた技術がある[42]．身体が透けて，その向こう側の風景が見えるようになるので，透明人間を可能にする技術ともいえる．

　システムの基本的な構成は図5.4のようになっている．透明化する人間の背中側にはビデオカメラが設置されており，それによって観察者からは見ることができない背後の映像を取得する．その映像はプロジェクタから出力され，ハーフミラーを介して透過すべき人間に投射される．

　透明化を達成するための秘密は人間が着用する衣服の素材にある．その素材は再帰性反射材と呼ばれ，交通標識や夜間の交通整理にあたる人が着用しているベストにも用いられているもので，入射光を入射した角度にかかわらず再び入射した方向へ戻す性質をもつ．

　実用的な応用シナリオとしては，この技術を自動車に適用することで後部座

5.4 光学迷彩

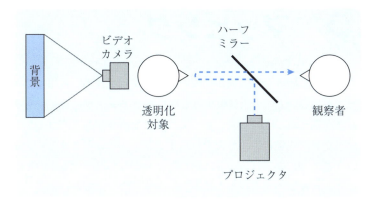

図 5.4　光学迷彩の実現方法

席を透明化し，車をバックさせるときの車両後方の状況確認を容易にすることによって安全性確保の一助とするアイディアが提案されている．

　ここまで説明してきたような原理以外にも，物体の表面で光を迂回させることができれば，あたかも光が物体を透過するような状態を作り出すことができる．米国マサチューセッツ工科大学のラスカー（R. Raskar）が開発した**フェムトフォトグラフィー（femto photography）**技術を使えば，そのような夢のような出来事が夢でなくなる可能性が出てきている[43]．

　通常，光はテレビやテーブル，扉などといった空間内のあらゆる物体に反射し，散乱する．そのような反射と散乱を何度となく繰り返し，それらが合成された結果としての光が最終的に人間の目に入ってくる．合成された結果の光の情報から逆に，途中過程を読み解くことは従来の自然の中では不可能であった．ここで重要なことは，反射と散乱を繰り返しながら観察者（あるいは実装的にはセンサ）に到達する光は，それぞれの状況に応じて戻ってくるタイミングが少しずつ違っていることである．光源から送り出した光がターゲットに当たって戻るまでの時間（光の飛行時間）を画素ごとに測定することによって 3 次元距離画像を取得する手法は **Time of flight（TOF）** 方式として知られている．

　ラスカーが実現した新しいイメージング技術は，この TOF 方式に基づいているが，これまでのものと比較して時間分解能が極めて高い．実際，毎秒一兆フレームの高速度撮影能力がある．複数回のパルス発光を通して得た数多くのデータを基に光の多重散乱の解析を行うことで，最終的に隠れた物体を見ることができることを示した事実は衝撃的である．

5.5 プロジェクションマッピング

　コンピュータに向き合う人間が見ている世界が現実世界から切り離されることになった要因のひとつが，作業単位としてのウィンドウの存在にあるというと言い過ぎだろうか．GUI 環境にあっては多大な貢献があったウィンドウであるが，仮想世界と現実世界の融合を目指すとき，ウィンドウ（あるいはフレーム）という考え方に縛られることは新たな進歩をむしろ妨げるものとなりかねない．そういった制約から我々の精神を解き放つことができたとき，次の新たな局面に移行することができる．

　そのような方向に我々を導くひとつのヒントとして**プロジェクションマッピング**（projection mapping）を捉えたい．これまでのところ，アートあるいは広告媒体として発展してきている．現実に存在する立体的な建物や製品（自動車，靴，家具など）に仮想情報を投影することにより，元々の構造を踏まえつつもまったく別の表情をそこに浮かび上がらせ，あたかも生きているかのような動きまで表現することができる映像表現である．視聴者がひとつの視点（対面）に立つ 2D プロジェクションマッピングと，周囲のいずれの位置からの視聴も許す 3D プロジェクションマッピングがある．

　紙面に何やら絵が描かれているが，そのままでは歪んで意味不明にもかかわらず，鏡面をもった円筒をその上に置くと意味のある絵が鏡面に映し出されるという事例に見覚えがある人も少なくないだろう．図 5.5 に例を示そう．これは**アナモルフォーシス**（anamorphosis）と呼ばれ，プロジェクションマッピングと基本的な発想は同じである．立体物に映し出される絵は，その形状にしたがって歪みが生じる．その歪み分を勘案して逆に絵を編集しておけば，立体形状にもかかわらず，立体物の上には正像が得られるという理屈である．

　プロジェクションマッピングの場合は，アナモルフォーシスでの鏡面に相当する構造物が複雑な 3 次元形状をもつとともに，表面の色や反射率も一定ではないという点で違いがある．投影面の立体情報や表面情報を参照しながら，投影する像を歪めるとともに，陰影などを効果的に適用し，ときには錯視を作為的に引き起こすことで，立体感（あるいは逆に平面感）や躍動感を視聴者に感じさせる．プロジェクションマッピングはトリックアートの映像版といえなく

5.5 プロジェクションマッピング

図 5.5　アナモルフォーシスの例

もない．

　プロジェクションマッピングの映像を投影する人工物（現実世界）には当然ながら枠があるわけではなく，またそれは見る側の人間とつなぎ目なくつながっている．そこに枠をもたない映像を映し込むことで仮想世界の映像が現実世界，さらには視聴者と一体化する．人間の眼前にある現実世界の空間的構造を活かしつつ，現実世界に仮想世界の情報を違和感なく，さらにはより深いレベルで溶け込ませることができるようになれば，ヒューマンインタフェース開発の大きな進歩につながる．

　プロジェクションマッピングは映像の表現手法のひとつであり，ほとんどは製作者から視聴者への一方向の情報提示にとどまる．投影された映像（オブジェクト）とのインタラクションを実現するという試みはプロジェクション方式の拡張現実感システムにも見られるが，それらでは投影面に求められる制約がいまだ強い．両者の成果が将来的に融合されることを大いに期待している．

　プロジェクションマッピングの映像は YouTube にも多数アップされている．是非とも機会をみて，それらを視聴してほしい．

● 演習問題

☐ **5.1** HMD にはどのような種類のものがあるか調べよ．

☐ **5.2** プロジェクションマッピングの例を調べよ．

☐ **5.3** 3次元画像計測手法としての TOF 方式をアクティブステレオ方式と比較し，その原理の違いを述べよ．

コラム 歌声よ永遠なれ

　筆者の子供が中学生のとき，コーラス部で合唱曲を歌っていたことがある．ハーモニーを響かせる子供たちの歌声に胸が熱くなったものだ．ところが最近の新聞記事によると，合唱団の子供たちの中には音声合成ソフトである初音ミクのような声に憧れる子供が現れ始めた．発声指導に携わる専門家が憂える事態に至っているという．従来のような腹式呼吸での発声よりも，機械が生成した声のほうが耳馴染みがよくなった．価値観は，いうまでもなく時代によって変わる．感覚も同様に時代（言い換えれば技術）によって変わっていくのだろう．仮想と現実という分け方が意味をもたない時代に突入したとき，我々は何を頼りにモノ作りを進めていけばよいのだろうか．○

第6章
センサが捉える人間行動

　現在のコンピュータにあっては，人間が何らかのアクションを起こしたことを受けて処理が開始される，いわゆるイベント駆動型の実行モデルが主流となっている．一方，近年のセンサあるいはセンサ埋め込み機器の開発には目を見張るものがある．そのようなセンサを用いて人間の行動を常時確認し，人間の明示的な指示がなくても先行して必要な情報を提供するといった，あたかもホテルのコンシェルジュのような働きの実現に向けた技術を本章では学ぶ．

- 非接触インタフェースデバイス
- ウェアラブルコンピュータ
- モノのインターネット
- ビッグデータ

6.1 非接触インタフェースデバイス

　これまでのところ我々が目にするコンピュータでは，キーボードやマウス，それにここ最近はタッチパネルも含めて，手や指で直接触れて操るというスタイルが標準であった．誤解を恐れずにいえば，エヴァンゲリオンやガンダムにも見られるように，人間が（操縦席に座って）機械を操作するというモデルはコンピュータ誕生時点からずっと変わらずにきた．

　意識的に何らかのアクションをコンピュータに期待するだけでなく，将来的にコンピュータからのアクションを実りあるものとするためにも，人間の行動を普段から静かに見守ることがシステムに期待されるようになっている．そのためには非接触で人間の行動を捕捉する必要がある．

　非接触で人間行動を取得するためのデバイスとしてはビデオ（ウェブ）カメラが最も広く用いられる．しかしながら，カメラで取得できるのは2次元画像，さらにいえば画素データの集まりにすぎない．ヒューマンインタフェースの開発側からすると，その画像中に現れる注目すべき特徴こそが真に欲する情報といえる．

　カメラで撮影した2次元画像から，被写体となった対象の3次元世界に見られる特徴（意味）を情報として認識・抽出しようとする研究分野は一般にコンピュータビジョンと呼ばれる．物体（例えば顔）検出・認識をはじめ，動き推定や3次元形状再構成などといった数多くの研究が長年にわたって行われてきた．その成果がハードウェアと組み合わせられ，今日では強力なインタフェースデバイスとして結実している．

　将来にわたって記録に名を残すに違いないデバイスのひとつが4.6節にも紹介したKinectである．その外観を図6.1に示す．このデバイスが出現するまでは，研究者がそれぞれのアイディアで手や体の動きを捉えるために躍起になっていたが，Kinectの誕生がそれを一掃した．Kinectは本来はマイクロソフト社のゲーム機のコントローラとしての位置づけであったが，ジェスチャ認識のためのツールキットが併せて提供されたことが画期的であった．リアルタイムに人間の各関節の3次元座標，すなわち姿勢が取得できる人体姿勢推定機能は特に魅力的であり，ヒューマンインタフェース研究者にとっては格好のジェス

6.1 非接触インタフェースデバイス

図 6.1　Kinect　　　　図 6.2　Leap Motion Controller

チャインタフェース構築用ツールとして映った．

Kinect には通常の色付き画像を撮影するための RGB カメラに加え，深度計測用に赤外線プロジェクタと赤外線カメラが搭載されている．赤外線プロジェクタで対象世界に投影された既知の光学パターンを赤外線カメラで捉え，パターンの幾何学的な歪みから対象の 3 次元表面構造を復元している．空間分解能は水平方向に 3 mm，奥行き方向には 1 cm ほどといわれる．なお，新バージョンの Kinect2 では深度計測のための手法がアクティブステレオ方式から **TOF** 方式に変更されている．

Kinect はゲーム用途が主に想定されており，デバイスから数 m 離れた位置に立つプレイヤーの全身の動きを取得する．一方，手や指などの比較的小さな動きの検出に特化したデバイスとして，図 6.2 に示す **Leap Motion Controller** がある．これはライター程度の大きさの直方体で，その上の操作領域内での手や指の動きを計測することが可能である．

カメラ（コンピュータビジョン）を用いる手法の他にも，例えば静電場を観測することで，その場にいる人間のジェスチャや場所を識別する技術もある．東京大学の Mirage と名付けられたシステムでは，センサから 2 m 離れた地点での直立，歩行，ランニング，ジャンプの 4 つの動作を識別した他，作業机，ミーティング部屋，台所，玄関，実験室，サッカー場という場所の区別も可能という[44]．

6.2 ウェアラブルコンピュータ

非接触インタフェースデバイスでは，人間側に特別な装置を装着するように依頼する必要がないという点では優れている．逆に，センシングの精度はひとえにコンピュータビジョン技術の洗練度にかかっている．カメラを用いる場合，外光の影響はかなりのもので，また服装や周辺（背景）の影響も無視できない．人間への機器の装着が許されるならば，センシング機能を実装する立場からすれば有利である．さらに，ユビキタスコンピューティング環境の実現に向けて情報提示用の装置も併せて身体に装着できるようになれば，応用範囲も格段に広がる．このような要請を受けて登場した，身につけて使用するコンピュータ機器が**ウェアラブルコンピュータ**（wearable computer）であり，**ウェアラブル端末**と呼ばれることもある．

ウェアラブルコンピュータの発想自体は最近のものではなく，2000年前後にもブームがあった．ザイブナー社が当時の流れをけん引したが，性能および価格の両面で普及には至らなかった．それが再び，今回は実用に耐える性能を保持した上で機器や構成部品の小型化が達成され，また無線技術の進展と相まって，ブームの再来となっている．

マスコミやメディアを大きく賑わせた近年の出来事は，グーグル社が開発したGoogle Glassである（図6.3）．これは頭部に装着する眼鏡型のディスプレイ端末で，無線によってスマートフォンと連携し，情報を眼前に表示することができる．加えて，音声入力やタッチパッドによるタッチ操作も行うことができる．セイコーエプソン社も眼鏡型ディスプレイを市場に投入している．

一方で，一足先に市場成長の兆しがあるウェアラブル端末に**スマートウォッチ**と**活動量計**がある．これらもスマートフォンと連携して使うことが基本になっており，特にスマートウォッチの場合はスマートフォンのコントローラの様相にある．見かけは腕時計であるが，タッチディスプレイを搭載しており，メールや電話の着信確認・応答選択，不在着信があるときのコールバック，画像の閲覧などを行うことができる．女性の購買者を意識してバングルタイプのものも現れている．

一方の活動量計は，歩数，心拍数，移動距離，消費カロリー量，さらには睡眠時間などといった人間の種々の活動量を計測するものである．ポケットに入

図 6.3　Google Glass

図 6.4　活動量計

れたりベルトに装着するタイプもあるが，手首に装着するリストバンド型の活動量計が登場したことで装着者の活動を 24 時間 365 日記録するといった，いわゆる**ライフログ**（life log）機器として注目を集めている．リストバンド型の活動量計の一例を図 6.4 に示す．

　胸にセンサを張り付けることで，加速度のような物理的活動状況だけではなく，心拍情報（波形，周期）や体表温といった自律神経系に係わる活動状況を計測し，健康管理やストレスのモニタリングなどを目指す動きもある．コンタクトレンズにカメラやディスプレイを搭載するデバイスの開発も進行している．

　さらに，皮膚（身体表面）自体をインタフェースデバイスに組み入れようという動きもある．化粧という行為に着目し，それと情報技術を合体させる**ビューティテクノロジー**（beauty technology）と呼ぶアイディアである[45]．機械の鎧をまとったサイエンスフィクションの人造ロボットのごとくではなく，日常で違和感のない自然なウェアラブルコンピュータの実現を追求している点が興味深い．具体的な試みとしては，金属表面処理したアイラッシュ（つけまつげ）を目につけるとともに，導電性を有するアイライナーでアイラインを目元に描くことで，瞬きが検出できるようになる．また，顔に取り付けたセンサで笑顔やまゆ毛の上げ下げ，口の動きを検出することの他，RFID タグとして機能するデバイスを載せた付け爪なども考案されている．

　なお，ウェアラブルコンピュータは身につけて使用するものであり，当然のことキーボード入力は叶わず，ディスプレイも常に利用可能であるわけではない．必然的に他の**モダリティ**の活用が求められる．主なものに音声コマンド，アラート，バイブレーションがあるが，現実的にはバイブレーションがまわりへの特段の配慮を必要としないという点で有用である．

6.3 モノのインターネット

パソコンやスマートフォン，それにサーバといった情報機器がインターネットを介してつながることで，人々のライフスタイルは劇的に変わった．世界の津々浦々の出来事を直ちに見聞し，一方で誰もが情報発信できる生活を数十年前には誰が想像できただろうか．

これと同様なことが改めて起ころうとしている．実社会での人間の活動をセンシングし，そのようにして獲得された膨大な量のデータを世界規模で有機的に連結することで，インターネットサービスと比べ，さらに細やかでタイムリーなサービスを人間が享受できるようになる．

そのようなスマート組織体に連結されるのはセンサだけではない．テレビやエアコンなどの情報家電，住宅機器，自動車，それに従来からのスマートフォン，パソコン，サーバを含め，将来的には世の中に存在するありとあらゆるモノがインターネットを介してつながる時代が到来しようとしている．このような技術は**モノのインターネット**（internet of things：**IoT**）と呼ばれる（図 6.5）．

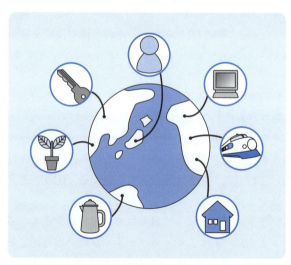

図 6.5　モノのインターネット

個々のデバイスは日常生活の中に埋め込まれていて，人間からは見えない（意識にのぼることがない）存在として捉えられている点に注意しておいてほしい．また，人間とモノとのつながりだけではなく，モノとモノ (machine to machine：**M2M**) とが人間を介することなくつながるといったことも含意する．例えば，プリンタのトナーが少なくなったことが検知されたときに，交換用のトナーの発注を自動的に行うといった具合である．

なお，IoTでモノが接続される際には無線通信が基本となる．WiFiやBluetoothといった従来方式以外にも，IEEE802.15.4といった標準規格がある．IEEE802.15.4にあってはモノとしてのセンサを意識して，低消費電力での動作が可能で，しかも接続可能なノード数はZigBeeの場合で最大65,535台となっている．

モノを識別し制御するためにはIDの付与が必要である．Cisco IBSG (Internet Business Solutions Group) の調査によれば，2003年にインターネットに接続されていたデバイス数は5億台，1人あたりに換算すれば0.08台であった．その後は急激な増加が続き，2020年にはデバイス数は500億台にも達すると予測されている．当然ながら，IPv4では対応することはできず，IPv6の利用が前提となっている．実際，IPv4ではIPアドレスを32ビットで表現しているので 2^{32}（43億）台の機器識別に限られる．これがIPv6では128ビットでIPアドレスを表現しているため，2^{128}（340兆の1兆倍の1兆倍）台までの機器を接続することができる．

IoTに近い思想として**サイバーフィジカルシステム** (cyber physical system：**CPS**) がある．実世界の環境をセンシングし，そこで獲得されたデータを分析・意味理解した後，実世界に働きかける技術の総称である．そこでの構成要素をつないで全体システムとするために，情報通信技術が融合されていることはいうまでもない．CPSの場合は組込みや制御といったシステム基盤技術をベースに展開が図られているが，IoTでは人やサービスを基軸に据えているということができるだろう．

6.4 ビッグデータ

6.3 節に紹介した IoT あるいは CPS はセンサを含む実世界のモノを要素に持つ．そこに行き交うデータは必然的に膨大な量にのぼるが，データを単に右から左に流すだけでは用をなさない．データは玉石混交のため，的確な分析によって意味（価値）のある情報を見つけ出し，人間の行動を誘うことが求められる．そのような新たなデータの活用に係わる仕組みは**ビッグデータ**（big data）とも呼ばれる．

ビッグデータは，その名が示す通り，膨大なデータの集まりである．しかしながら，単にデータの量が大きいというだけではなく，そこにはさまざまな種類の（非定型な）データが混在し，しかも身のまわりの状況（値）は目まぐるしいスピードで変化している．それらは順に Volume（容量），Variety（種類），Velocity（スピード），そしてそれらは合わせて **3 つの V** と言い表される．これに正確さ（Veracity）を加えることもある．

ビッグデータには，図 6.6 に示すように，組織によって生成・蓄積される事業データ（商品データ，生産台数，人口，世帯数など）と個人の活動に伴って生成・蓄積されるパーソナルデータ（買い物履歴，GPS による位置情報など）がある．パーソナルデータは**ライフログ**と呼んでも構わない．さらに，他者との係わりの上で生成されるもの，言い換えると社会的な相互作用の履歴を**ソーシャルデータ**と呼ぶことにしよう．社内で交わされる対面の会話や SNS のメッセージなどがこれにあたる．

従来は人間が立てた仮説に対して必要な周辺データを収集し分析することで，その成否を確かめるという手法がとられてきた．他方，ビッグデータの場合は，

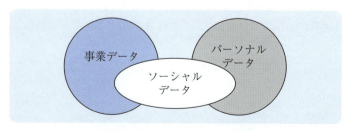

図 6.6 ビッグデータの分類

あらゆる活動データをその要否を問うことなくあらかじめ収集する．そして，そこに潜む人間の思いもよらなかった価値ある知見の発見を目指している点で，これまでとは質的に異なっている．将来的には，過去の好きな時間に記憶を巻き戻すことも，未来の自分あるいは組織の姿を予測することも不可能ではなくなるだろう．重要なことは，ビッグデータは我々人間の活動の見直しを支援する核技術となり得ることである．

個人は言うに及ばず社会的な相互作用も含めた人間活動を軸にしているという意味で，ビッグデータはヒューマンインタフェース設計と無関係ではない．一例を紹介しておくと，ある会社がコールセンターの業務改善を目指し，従業員の勤務状況や休憩取得状況，誰と誰が話をしたかなどのデータの記録をとった．そのデータを分析したところ，同じチームの他のメンバーと休憩時間をともにすることができるような制度に変えれば，メンバー同士のコミュニケーションが活発化し，それが仕事の生産性の改善に役立つということが見出された[46, 47]．コミュニケーションが人間活動に重要な役割を果たしていることがデータから客観的に示されたのである．

個人の活動履歴や状況を踏まえて厳選した情報を提供する**レコメンデーション**（recommendation）もビッグデータ活用の一例である．個人の過去の購買履歴を他者の購買記録と照らし合わせた上でお薦めの商品を選んだり，位置情報に基づいて近くのレストランを推薦したりもできる．個人の最近の食事内容や嗜好，体調をシステムで捕捉できるような環境が整えば，それを踏まえて料理の種類（麺類，肉，魚など）を絞って提示することもできるようになる．人間関係を参照して SNS でつながっている友人の評価やつぶやきも表示することで，将来的にはさらに満足感を高めることに成功するだろう．

なお，ビッグデータには個人の行動に係わるデータが網羅的に記録されるため，その取扱いには十分な配慮が不可欠である．収集されるデータが多くなればなるほど個人を特定・追跡することができる確率は高くなる．ペントランド（A. Pentland）はビッグデータの取り扱いには新たな施策が必要であると述べ，次の 3 つの権利を主張した[47]．

- 個人は自身のデータを所有する権利を有する
- 個人は自身のデータの利用を完全にコントロールする権利を有する
- 個人は自身のデータを消去および配布する権利を有する

演習問題

☐ **6.1** 具体的な非接触インタフェースデバイスあるいはウェアラブル端末を選び，それにはどのようなセンサが組み込まれているか調べよ．

☐ **6.2** モノのインターネット（IoT）のサービスシナリオを考えよ．

☐ **6.3** ビッグデータは人間生活を効率的かつ豊かにする良貨か，それともプライバシーを脅かす悪貨のいずれと考えるか．

コラム Deploy or Die

　初代 MIT メディアラボ所長のネグロポンテ（N. Negroponte）は "Demo or Die" と言った．まずは作って動かしてみろ，と．技術は使えてはじめて価値があるとの主張である．目の前に動くモノが提示されれば，ディスカッションも活発になり，それはさらなる改良を引き出す原動力にもなる．時代は移り，現所長である伊藤穰一は "Deploy or Die" と言い換えた．技術は世の中で鍛えられるべき，と．君はどう考えるだろうか．　　　　　　　　　　　　　　　　　　　　　　　　　　　　○

第7章

デザインと評価

　新たなヒューマンインタフェースの構築に向けた技術的挑戦はとどまることを知らない．一方で，技術はあくまでも枠組みを提供するのみであり，そこにどういった内容を盛り込み具体的に表現するかといった議論を欠かすわけにはいかない．それらは人々に優しく寄り添うヒューマンインタフェースの実現にあたっては両輪をなす．第7章ではヒューマンインタフェース，また広義には情報の表現に係わる話題を紹介する．

ヒューマンインタフェースとデザイン
記号論
アフォーダンス
ユーザビリティ
ヒューマンインタフェース設計原則
ユニバーサルデザイン
エクスペリエンス
人間中心設計
環境としてのインタフェース
さらなる発展を目指して

7.1 ヒューマンインタフェースとデザイン

コミュニケーションを通して我々は自分たちの生きる世界を認識する．その際に，データから意味のある情報を人間に適切に呼び起こさせるには，それらを無造作に並べればよいわけではない．熟練した人の手によってデータをコミュニケーションメディアの視点から取りまとめた結果は，人の心に感動や力を与えることができる．その役割を担うのが**デザイン**である．

デザインのプラス面とマイナス面を述べたローソーン（A. Rawsthorn）の言葉をここで引用しよう[48]．

「デザインは，賢く使えば，喜びや選択肢，力，美しさ，快適さ，品性，感受性，思いやり，信念，野心，安心，繁栄，多様性，仲間意識をはじめ，さまざまなものを与えてくれる．だが悪用すれば，無駄や混乱，屈辱，恐怖，怒り，それに危険さえも招く．人は一人としてデザインの影響を受けずにいることはできない．なぜならデザインは，この世界に遍在する要素であり，自覚はなくても，私たちがどのように感じ，行動し，人からどう見えるかを左右するものだからだ．」

デザインという行為が，ヒューマンインタフェースあるいはインタラクションにおいても不可欠であるということは改めていうまでもない．ではデザインが何かという問いに答えることはとても難しい．本書はデザイナー向けのものではないので（デザイナーにも参考になるアイディアは含んでいると信じるが），踏み込んだ議論は避けるが，専門家の意見に共通していえるのは，見栄えがよいものに仕上げることだけがデザインではないということである．もちろん人間の心を捉えて離さない魅力的なモノとして具体化することは，デザインのゴールのひとつであることは間違いない．しかしながら，デザイナーに期待されるのは，むしろ具体的な形に仕上げるまでの過程である．

インタラクションのデザインについて奥出は次のように語っている[49]．従来のコンピュータ開発にあっては，感情を理解したり，悲しい詩をつくって読み上げるマシン—極論すれば「脳」となるような仕組み—に目が向けられてきた．しかし，今後取り組むべきは，人が感動したりドキッとするような心の動きを生み出す仕掛けであり，それにはインタラクションデザインが重要な役割を果

7.1 ヒューマンインタフェースとデザイン

たす．今までにない経験を可能にするもの，インタラクションを通じて経験を拡大してくれるものを生み出すデザイン活動が重要になってくる．

デザイナーである原は情報を製品とみなし，一般の電気製品に品質があるように情報にも品質があると考えた[50]．この「情報の質」を高めるために取り組まれるべき活動がデザインであり，その結果としてコミュニケーションに効率が生まれ感動が発生する．情報の質をコントロールすることで，そこに「力」が生まれ，それが情報の受け手の理解力を加速するように働くと述べている．

ヒューマンインタフェースは視覚に直接訴えるメディアであるため，サインデザインやグラフィックデザイン分野のアイディアが活用された．また，マンガや映画，さらには日本古来の書物である絵巻物などの技法もそのようなヒューマンインタフェースのデザインにあたって勘案する価値がある[51,52]．今日広く導入されている手法や考え方については次節以降に説明するので，以下では多少脇道に逸れることをお許し願おう．

見えないものを描くということは人間の本質的欲求である．物理的に知覚している表層あるいは近接した対象を超えて，その先にある本質を見極めようとする力によるものといえる．人間は目や耳などから受け取った世界をそのまま認知しているわけではないという事実も踏まえるとき，リアル以上にリアルな非リアルの表現手法は興味深い．

そのような例として似顔絵を挙げたい．似顔絵の中の人物は本人とは似ても似つかない風貌をもつ．それでもなお，より分かりやすく関心を惹かれるのはなぜか．このような特性は錯覚のひとつであり，ダーウィンの進化論の内部に位置づけられる審美的な進化の法則であるという仮説を唱えるむきもある[8]．

注目箇所のフォントを太字にしたり色を変えたりするなどといった操作は知覚レベルでのデフォルメとして既に熟成の域にあるが，似顔絵の例が示すような認知レベルでのデフォルメ，言い換えれば認知動作を経て正しい（メッセージ送信元が期待した情報内容）理解が生じるような，写実（現実）からの逸脱を意識的に行うという試みもあり得る．

7.2 記号論

「すべてが記号であり,しかもたっぷりふくらんだ記号なのだ.樹木も雲も顔もコーヒー挽きも… みな,多様な解釈によって何重にもくるまれている.多様な解釈が意味のパイをこね,いくえにも層を重ねる」とギロー (P. Guiraud) が述べたように[53],人間社会の諸現象を記号として捉え,整理しようとする学問が**記号論**である.

我々人間が有している重要な能力のひとつとして,あらゆるものを記号とする営みができること,というと不思議な顔をされるかもしれない.記号には,例えばモールス信号のように元から定められており,何が記号で何が記号でないか自明なものもあるが,すべてにわたって記号があらかじめ決められているわけではない.自らの主体的な判断に基づいて記号と認めているケースもあることがポイントである.例えば空を見上げたときに,眼前に広がるある白いかたまりを捉えて何か特定の解釈をすることがあるだろう.その瞬間にその白いかたまりは記号となる.なお,壁にスプレーで描かれた落書きを目にするとき,それが意味する内容は分からない.それでも我々はそれを記号として捉えることに躊躇しない.パース (C.S. Peirce) によれば,我々の理解できる世界は表象の世界であり,表象化されることによって,世界はようやく世界として成立する.記号なしでは我々は思考できないという考えがある[54].

ところで,プログラミング言語のような人工言語であれ人間が使う自然言語であれ,これまで情報科学の世界で取り扱われてきた言語処理の場面にあっては,その言語で用いられる要素(いわゆるアルファベット)があらかじめ決まっており,その上で語や文(言語)の組立てについて考察がなされてきた.何らかのことを誰か他の相手に伝えるためにメッセージを作るような場面にあっては,このような前提は優位である.

しかしながら記号論の考えの下では,そのようなあらかじめ規定された記号(言語)だけではなく,また別の捉え方としての記号も含有される.常識的な捉え方では言語に言語意思を伝達する手段として具体的な役割を持たされているが,それとは別に,言語そのものがそれ自体の固有の価値を有するものとの認識である.池上の言葉を借りれば**美的機能**と呼ばれる[55].

7.2 記号論

　空に浮かぶ雲を記号とみなす例を上に挙げたが，これなども美的機能のひとつである．雲の形状あるいは濃淡パターンは通常のコード（記号とその意味との対応づけ）からは逸脱しているが，解釈に値するという確信を人間が持って読み解くことで記号として通用するようになる．受信する側の人間にそのような志向性―すなわちメッセージそのものに関心を抱くという高次の性質―を作り出すことが美的機能の特質である．

　日常的でないためにかえって我々に特別な注意をひきよせる性質は**異化**と呼ばれる．芸術的な作品を目の前にするときに人間が感じる印象がそれにあたる．この異化作用のふさわしさこそが美的機能を呼び起こす力となる[55]．エクスペリエンスの実現を追求し，さらに上のステージに押し上げるためにも，記号における美的機能に端を発する研究はひとつの突破口になるに違いない．

　なお，現実世界と仮想世界を空間的に融合することでユビキタスの実現を図ろうとするアプローチを 5.1 節に紹介したが，これとは異なる視点で 2 つの世界を融合するアイディアが記号論の世界にも見られるので，それらを以下に紹介しておこう[54]．

　記号論の立場からは，見ることができないものでも，読むことができるものがあると考える．「見えるもの」と「読めるもの」の対立であり，例え直接は見えなくとも，「見えるもの」を通して，その存在を想像することができると考えるのである．なお，「読めるもの」は観察者が存在してはじめて成立することを指摘しておきたい．

　また，映画作家のヴェンダース（W. Wenders）は「画面外」という概念を展開している．フレームで囲まれた映像の外側に存在している内容（空間）が画面内のものと意識上は連続する空間をなすという捉え方である．このような現象は時間軸の存在が前提である．この場合にも観察者の存在が重要であり，画面外に隠されている意味を明らかにするのは彼ら自身である．

　いずれにしても，世界を構成する全てのものは連続してつながり関わっており，一部を切り出して論議することは意味がない．人間を中心にして，あくまでも全体（コンテクスト）の中で解釈する必要があるとの捉え方は注目に値する．

7.3 アフォーダンス

ヒューマンインタフェースデザインの世界にあって，よく知られた概念にアフォーダンス（affordance）がある．これは心理学者のギブソン（J.J. Gibson）が生み出した造語で，環境や物体自体に特定の行動を人間に喚起するような情報が存在しているとする考えである．

例えば，上面が平らで濡れておらず高さが 50 cm 程度の固そうな物体が床面に置かれていれば，それは人間に「座れる」というメッセージを発する．例え本来の機能は別にあったとしても，腰かけとして用いられることになる．逆に，座りたくない人にとってさえ，座れるというアフォーダンスが発生する．アフォーダンスは客観的な事実であるとされ，そこに人間の主観は入り込まない点に注意しておきたい．

なお，これと思想を同じくする表現が別にある——「形態はつねに機能に従う」．米国の建築家であったサリヴァン（L.H. Sullivan）の言葉である．機能にしたがってモノの形状をデザインすれば，イスにせよスプーンにせよ，その形状，大きさ，硬さなどから，それをどのように扱えばよいか分かるという主張である．

いいたいことは，アフォーダンス特性をデザインにうまく取り入れれば，わざわざ別に補足説明を用意しなくても，人間に自らがなすべき行動を自然に喚起することができるようなヒューマンインタフェースを実現できることになる．逆にいえば，アフォーダンスに逆らう実現を行った場合には，操作する人を容易に混乱に陥れることができる．

自動車のドアハンドルの例をひとつ挙げよう．自動車のドアは大抵の場合は引いて開けるが，ミニバンと呼ばれる 7〜8 人乗りの自動車の後部座席への乗降用ドアはスライド式となっていることが多い．ある自動車には図 7.1 の左の写真のようなドアハンドルが備えつけられている．筆者の経験上，この種の車にはじめて出合った人は，ドアハンドルに手をかけた後，ほぼ例外なくドアハンドルを手前に「引く」だけであった．ドアを開けるにはさらに後方にスライドさせなければならないのだが，それに気づくことはなかった．スライドするという行為をアフォードする形状ではなかったのが原因である．

7.3 アフォーダンス

図 7.1　ドアハンドルにみるアフォーダンスの例

なお，スライドドアのドアハンドルが同図の右の写真にあるような形状になっている車種もある．左の写真と比べ，どちらがアフォーダンスに沿ったデザインであるかについては改めて説明の必要はないだろう．

当然ながら，アフォーダンスの適用先は手に取って触れることができるようなモノだけに限られるわけではない．ウェブサイトデザインの場面にも有効である．2.3 節にクレータ錯視を用いたボタンデザインについて触れたが，出っ張りのある（陰影のついた）ボタン（のような領域）を目にすれば，それは人間に「押せ」という行為の実行をアピールする．

最近のスマートフォンのインタフェースデザインにおいては，**フラットデザイン**とも呼ばれるが，以前ほどには視覚的な手がかりを備えた表現は使われなくなってきた．そのため，どのような操作ができるのか迷う場面もある．

例えば，あるサイトのトップページにはキャッチコピーの文字とともに商品の写真が厳選して掲載されており，とてもシンプルな構成になっている．画面サイズ（画素数）が限られているスマートフォンにあっては，そのような単純さは好ましいに違いない．このとき，画像にはリンクが張られていることが多いという知識によって，同商品の画像にタッチして当該ページにジャンプすることは辛うじて想像範囲内だろう．しかし，実はさらにその画像（商品）を横スクロールすれば別の候補を呼び出すことができるようになっている．残念ながら，それを知らせる手がかりは視覚的には何ら与えられておらず，あくまでも各人のトライアルにかかっている．

7.4 ユーザビリティ

デザインされたヒューマンインタフェースを備えることで，システムは格段に使いやすい道具となる．ここで気をつけておかなければならないこととして，開発者は顧客ではないということである．当たり前のこととはいえ，それゆえに出来上がったヒューマンインタフェースが顧客の要求に見合ったものになっているか評価する必要がある．例え斬新かつ豊富な機能が備わっていたとしても，それらが使えなければ意味はない．この「使いやすさ」を評価しようとする試みが**ユーザビリティ**（usability）である．

一言「使いやすさ」と書けば非常に簡潔であるが，その解釈は一筋縄ではいかない．今日のコンピュータシステムの恩恵を受ける人は多岐にわたっており，例えば郵便局や銀行にあるATM（現金自動預け払い機）は老若男女を問わず使われる．10～20代の健康な若者が使おうとする場合と高齢者または障がいをもった人が使おうとする場合では，おのずと運動能力も認知特性も異なるため，ひとつのヒューマンインタフェースデザインを常に同じように使いやすいと感じるかといえば否である．同じシステムでも違う人間が違う作業に使えば，対象とするユーザビリティ特性も違うという結果になり得ることを，まず注意しておこう．

また，ユーザビリティは「分かりやすさ」ではないことも指摘しておきたい．一般市民が操作する機器（例えばATM）については，「分かりやすさ」は金であるが，例えば航空管制システムやクレーン操作装置といった場合には，「分かりやすさ」は二の次である．安全が確保されることが最優先事項であり，そのため操作の習得にコストを払う必要があったとしても問題ではない．実際，それらについては事前にかなりの時間をかけて修練を積み，資格を取得しないかぎりは操作・運転することができない．

このような状況の下，ユーザビリティについては代表的には2つの定義がある．ひとつはユーザビリティの第一人者であるニールセン（J. Nielsen）によるもので，「学習しやすさ，効率性，記憶しやすさ，エラー対応，満足度という5つの品質要素から構成される概念」と定義されている．なお，それらの5つの要素については次のような意味づけとなっている．

- 学習しやすさ：初めて目にしたときから，作業が容易に達成できること
- 効率性：一度学習すれば，以降は迅速に作業できること
- 記憶しやすさ：しばらく使わなくても，すぐに使い方を思い出せること
- エラー対応：エラーの発生率が低く，致命的なエラーが起こらないこと，またエラーが起こっても簡単に回復できること
- 満足度：気持ちよく利用できること

もうひとつは国際規格のISO9241-11に規定されているもので，「ある製品が，指定された利用状況下において，指定された利用者によって，指定された目的を達成するために用いられる際の有効性，効率，満足度」と記述されている．なお，有効性，効率，満足度は次のように定義されている．

- 有効性：利用者が指定された目標を達成する上での正確さと完全さ
- 効率：利用者が目標を達成する際に正確さと完全さに関係して費やした資源
- 満足度：不快さからの解放，および製品の使用に対する肯定的な態度

なお，ニールセンの解釈では使いにくさや分かりにくさというネガティブな問題をなくすことと位置づけられている．もう一方のISOの規格には，より積極的な意味合いが付与されており，製品やシステムを正確かつ効率的に動作させることができ，さらには満足を与えることができるように設計されることが期待されている．前者の（古い）定義を小さな（small）ユーザビリティ，後者の（新しい）定義を大きな（big）ユーザビリティと呼んで区別することもある．

補足しておくと，ニールセンはユーザビリティの他に，使い手にとって製品のプラス面がどれだけ高いかを表す機能性を**ユーティリティ**（utility）と唱えた．そしてユーザビリティとユーティリティを合わせて**ユースフルネス**（usefulness）と呼んだが，これはISO9241-11のユーザビリティの考え方に近い．

7.5 ヒューマンインタフェース設計原則

インタフェース設計の作業にあたっては，そこで役立つ設計原則がこれまでにいくつも整理されている．ここではまず，その中でも特によく知られているシュナイダーマン（B. Shneiderman）の **8つの黄金律** を紹介する．

(1) **一貫性を保つ**
同等の状況にあっては，終始変わらず一貫した操作手段を提供すること．

(2) **熟練者には近道を用意する**
操作に慣れた人のために，操作回数を減らし，手早く作業が行えるようにショートカットキーやマクロ機能などを提供すること．

(3) **有益なフィードバックを返す**
全ての操作に対し，適切なフィードバックを返すこと．頻繁に用いられるが影響の小さな操作に対しては控え目に，一方で，実行頻度は低くても重大な操作に対しては十分な情報を提供すること．

(4) **段階的な達成感を与える**
一連の操作が実行される段階ごとに適切な情報を提供することで達成感や安心感を与え，次の段階に向けた道筋に確信がもてるようにすること．

(5) **エラー処理を簡潔にする**
深刻なエラーを引き起こさないようにすることはもちろんであるが，たとえエラーが起こった場合にも確実な対応ができるようにすること．

(6) **逆操作を許す**
操作を取り消し原状復帰できるようにしておくことで，気軽に試行することをためらわせないようにすること．

(7) **主体的な制御権を与える**
システムに使われているのではなく，自らがシステムを制御し，それによってシステムが動作しているという感覚を人間に与えること．

(8) **短期記憶の負担を少なくする**
人間の短期記憶は限られていることから，表示内容は簡素にし，複数ページにまたがるような情報の操作画面はなくすこと．不要なウィンドウ移動が発生しないようにすること．

一方，7.4 節で紹介したニールセンが整理した経験則を次に示そう．

(1) システム状態を知らせる
　システムが何を実行しているか，適切なフィードバックを提示することで，操作している人が分かるようにすること．

(2) システムと実環境との整合性をとる
　操作する人が普段使っている言葉で，システムは情報提供すること．

(3) 主導権と自由度を与える
　人間はしばしば誤ってシステム操作する．そのような事態から抜け出すための非常口を分かりやすく提示・提供すること．逆操作を可能にすること．

(4) 一貫性と標準化を整える
　同じことにもかかわらず，それを異なる別々の言葉を使って人間を混乱に陥れることがないようにすること．慣習に従うこと．

(5) エラーの発生を防ぐ
　的確なエラーメッセージを用意するよりも，そもそもエラーが発生しないように努めること．

(6) 記憶しておかなくても見ればわかるようにする
　行為の遂行にあたって求められる記憶負荷を最小限にすること．システムの操作にあたって必要な情報は画面上で確認できるようにしておき，別場面での情報を人間に呼び起こさせることがないようにすること．

(7) 柔軟性と効率性を実現する
　熟練者には作業を効率化する仕組みを別途用意し，初心者と共存できる操作環境を提供すること．

(8) 最小限で美しいデザインを行う
　必要な情報に目が向くように，不必要な情報は含まないようにすること．

(9) エラーを認識，診断，回復する手立てを整える
　エラーメッセージは問題点を的確に説明するとともに，解決策を建設的に提言すること．

(10) ヘルプとマニュアルを用意する
　マニュアルなしでシステム操作できることが望ましいが，必要となれば的確な情報が容易に入手できること．

7.6 ユニバーサルデザイン

ユニバーサルデザインとは，年齢，性別，文化や言葉の違い，障がいの有無などにかかわらず，あらゆる人間がともに使いやすいようにモノや生活環境を設計することである．一方，これに先立ってバリアフリーという考えがあった．これは高齢者や障がい者といった社会生活弱者が，社会生活を不自由なく営むことができるような社会の実現を図るものである．両者を比較すると，既に存在している障壁を取り除こうとする考え方がバリアフリーで，そのような障壁が発生しないようにあらかじめ考慮しようとするものがユニバーサルデザインである．

ユニバーサルデザインを提唱したのはノースカロライナ州立大学のメイス（R. Mace）らであり，その達成に向けて次の7つの原則を掲げた．

- 公平さ：あらゆる人間が公平に，また安心して使用できること
- 柔軟さ：嗜好や能力に応じ，自分のやり方，ペースで使用できること
- 単純さ：経験や知識にかかわらず，使い方が分かりやすく直観的であること
- 知覚可能な情報提示：異なるモダリティを活用することで，必要な情報が効果的に伝えられるようにすること
- エラーへの耐性：危険や誤操作の発生を最小限にとどめ，意図しない操作によっても致命的なダメージにつながらないようにすること
- 低い身体的負担：身体への物理的な負担が少なく，能率的かつ快適に使えること
- 空間的余裕：体格，姿勢，移動能力にかかわらず，作業の遂行に十分な広さを提供すること

ユニバーサルデザインの例としては，コイン投入口や商品選択ボタンが下部に設けられた自動販売機，ボタンの部分が大きく押しやすい壁スイッチ（例えば照明用），実際の機器に対応した色付きイラストおよび多言語で説明されたコンピュータセットアップガイドなどがある．

ユニバーサルデザインは，元々は一般の製品や環境を念頭に検討されたものであるが，情報通信における機器，ソフトウェアおよびサービスの情報アクセシビリティを確保・向上する目的で，国内にあってはJIS X8341が策定された．

7.6 ユニバーサルデザイン

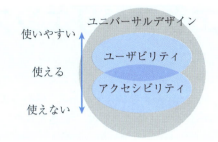

図 7.2 ユーザビリティとアクセシビリティ

特に，JIS X8341-3 はウェブの**アクセシビリティ**に関する規格であり，W3C（World Wide Web Consortium）が勧告した WCAG2.0 をベースに，いわゆるウェブ技術を活用するもの全般を範囲とし，ウェブサイトだけではなくウェブアプリなども対象に含まれる．また視聴覚障がいあるいは身体障がいに限らず，認知・言語・学習障がいに関しても配慮している．

アクセシビリティとユーザビリティとの違いを説明しよう．アクセシビリティは，高齢者や障がい者を含め誰も「使えない」状態に置かれることなく「使える」状態にすることを目指した取り組みである．一方のユーザビリティは 7.4 節に説明したように，使える状態にはなっているが「使いにくい」状態のものを「使いやすい」状態にすることである（図 7.2）．

例えばオンラインショッピングのサイトにおいて，顧客がかごに商品を入れてから決済まで迷わずに完了できるかどうかに焦点を当てて評価するのがユーザビリティであり，アクセシビリティにあっては，そもそも商品をかごに入れることができ，そして決済まで完了できるかどうかが問われることになる．

JIS X8341-3 では，最低限守るべきレベルから進んだ（特別なニーズにも応える）レベルまで 3 つの等級が設けてあり，それを達成しているかどうかの判定が客観的に検証できることを求めている．要求されている対応をいくつか具体的に示しておこう．

- 文字と背景色とのコントラストを十分に確保することで，文字を読みやすくする．
- 音声付動画にキャプションをつけることで，たとえ聴覚に支障があっても動画内容を理解することができる．
- 画面上のテキストや画像を判読するための十分な時間を提供する．

7.7 エクスペリエンス

近年のヒューマンインタフェース開発にあたってキーワードのひとつに**エクスペリエンス**（experience），あるいは**ユーザーエクスペリエンス**（user experience）と呼ばれるものがある．略語で **UX** と記述されたりもする．また，広くコンピュータシステムやサービスの分野，さらにはビジネス分野でも用いられたりするが，なかなか意味がつかみにくい．とはいえ，ISO 9241-210 ではユーザーエクスペリエンスを「製品，システム，サービスの使用（想定を含む）によって人にもたらされる知覚および反応」と定義している．また，ユーザの感動，信頼，嗜好，見方，感応，振舞い，成果のすべてを含むとされている．なお，ここでいうユーザには，一般利用者（顧客）だけでなく，ウェブサービスの場合にはサイトが提供するサービスを形成するすべてのステークホルダー，例えばサイトへの出店者も含まれることを注意しておきたい．

思い返してほしいが，ユーザビリティについて ISO 9241-11 では「ある製品が，指定された利用者によって，指定された利用状況下において，指定された目的を達成するために用いられる際の有効性，効率，満足度」と規定されている．ニールセンは「学習しやすさ，効率性，記憶しやすさ，エラー対応，満足度という5つの品質要素から構成される概念」と解釈した．このように，ユーザビリティはエクスペリエンスと目指すところに大きな違いはない．

強いていうならば，エクスペリエンスにあっては図 7.3 に示すように，人間の情緒的，感覚的，内面的な側面が強調されている．顧客が求めているものを正しく把握し満たすことはもちろんのこと，所有し使用する喜びとなる製品を作ることを目標に据えた取組みといえる．また，その対象範囲は機器／システムの使用中だけに限定されるのではなく，使用前の気持ちの高まりから使用後の余韻も含めて，使用に伴う経験をすべて含める．

図 7.3　エクスペリエンスの位置づけ

7.7 エクスペリエンス

なお,図7.3について誤解のないように補足しておくが,そこに示す3つの考え方の価値は,エクスペリエンスが高くユーティリティが低いということではない.ユーティリティ,ユーザビリティを向上させることにエネルギーを注げば,最終的には人間の(主観的な)満足度を向上させることにもつながる.

このようなエクスペリエンスの取り組みを耳にするとき,英国の思想家,詩人であり,また近代デザイン史に大きな足跡を残したモリス(W. Morris)が主導した**美術工芸運動**(arts and crafts movement)を思い出さないわけにはいかない.

時代は19世紀後半のこと,産業革命による機械化と大量生産技術によって生み出された製品の質的劣悪さに嘆いたモリスは,芸術こそが問題解決の糸口と考え,芸術との係わりの上で生産活動を捉え直そうとした.日用品から家具調度品に至る製品群について,消費者,生産者そしてデザイナーの有機的関係の構築を目指したのである.モリスの活動の中でも,ひときわ充実していたのは,自然の樹木や草花などをモチーフとした優雅な曲線を特長とするテキスタイルデザインであり,アールヌーボーにも大きな影響を与えた.

残念ながらモリスは機械による量産を否定する立場にいたが,機械化の波に逆らうことはできなかった.機械・技術の存在を受け止め,工業を芸術やデザインと融合しようとする新しい視点で推し進めた取組みが**バウハウス**(Bauhaus)である.これは1919年にドイツで設立された造形学校であり,短期間での閉鎖を余儀なくされたが,その間に多数の著名な人材を輩出するとともに,後世に大きな影響を残した.

バウハウスでは機能や社会との係わりの中で造形物制作を捉え直そうとした.造形物を理論的・科学的に分析し,人間の感覚面についても意識を向けた.また機械工業生産方式に適合するように標準化・モジュール化も積極的に取り入れられており,例えばブロイヤー(M.L. Breuer)が考案したワシリーチェア(図7.4)は有名である.

図7.4 ワシリーチェア

7.8 人間中心設計

ニールセンはユーザビリティという概念をユーザビリティエンジニアリングという枠組みの中で唱えた．これと考えを同じくして，また関連するユニバーサルデザイン，アクセシビリティ，エクスペリエンスを含め，目指すべきシステムの開発を確実に推し進める上で欠かすことのできないプロセス・手法として**人間中心設計**（human-centred design：**HCD**）がある．これは国際規格のISO 9241-210として規定されている．

ここで，あるべき人間中心設計活動の流れは図7.5のように取りまとめられている．設計はユーザ（サービス享受者），タスク，環境の明確な理解に基づいて行われ，策定した解決策の評価結果によっては改めて必要な活動を反復的に行い，洗練させていく．最終的に解決策がサービス享受者の要求を満たす水準に到達したときに，ようやく作業が終了となる．設計チームは多様なスキルや視点をもったメンバーによって構成され，またサービス享受者は全てのステップに関与することが求められている．

人間中心設計をなすそれぞれのプロセスについてもう少し詳しくみていこう．

(1) まずはサービス享受者の活動状況や，場の構造を知ることから始める．

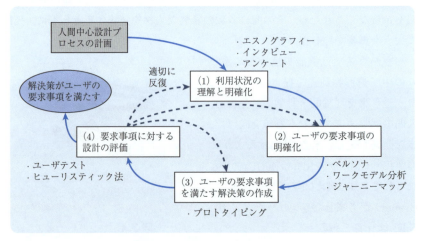

図 7.5　人間中心設計のプロセス

7.8 人間中心設計

この当たり前のことを行うためにエスノグラフィー，インタビュー，アンケートなどの手段がとられる．現場に入り込んで実態や意識を詳しく深く調べるアプローチがエスノグラフィーである．観察者がサービス享受者の現状に直接触れることで，開発者側では想像し得ない，あるいはサービス享受者も気付いていなかった事項を見出すことが期待できる．ただし，コストがかかるため，より簡便なアプローチとしてインタビューやアンケートがある．

(2) 次に製品やシステムに実現しようとする事項を整理する．ヒューマンインタフェース設計者やデザイナーが理解しやすい形として表現するシステム要求への変換である．これには**ペルソナ**と呼ばれる手法がよく用いられる．サービス享受者の代表としての架空の人物を描き上げ，それに基づいて行動シナリオとゴールを作成する．**ワークモデル分析**は5つのモデルを使うことで，サービス享受者の行う行動に対する，より深い理解を得ようとする手法である．一方，近年注目を集めている分析手法に**ジャーニーマップ**がある．サービス享受者がサービスを利用する際にとる一連の行動や思考，そして感情の動きなどを時系列に沿って視覚的に表現する．サービス享受者が（サービス開発中の組織との係わりの上で）とる行動を旅（ジャーニー）になぞらえて記述するものである．

(3) 続いて要求事項を具体的に目に見える形に実現し，目標が本当に正しいかどうかを検証する準備とする．ヒューマンインタフェース上の問題点を洗い出すことが目的であるため，作成や変更が容易にできるよう，紙に手書きしたり（**ペーパープロトタイプ**），PowerPointで作成したりする．また最近では，コンピュータ上で簡単にヒューマンインタフェースのモックアップを作成できるソフトウェアツールも利用可能になっている．

(4) 最後に，作成したプロトタイプを評価する．評価法のひとつとしての**ユーザテスト法**は，被験者に具体的な課題の実行を依頼し，その行動を実際に観察することによって，ヒューマンインタフェース上の問題点を発見しようとする手法である．**ヒューリスティック法**は，ユーザビリティ専門家が既知の経験則でもって問題点を見つけ出す手法である．被験者を確保する必要がないので短期間に実施できる．また，開発初期の仕様書レベルでも評価が行えるといった利点がある反面，評価者の主観に影響される恐れがある．

評価の結果，問題点があれば必要なステップに戻って作業を繰り返すことで次第に完成形に近づける．反復デザインを通じたこまめな修正・対応が肝心であることを改めて指摘しておきたい．

7.9 環境としてのインタフェース

　コンピュータの誕生時から今日まで，対話デバイスとしての（2次元）ディスプレイは常に第一線にあった．膨大な量の情報を整理し，人間が情報を迅速かつ正確に扱えるようにするための情報デザインは，ユーザビリティと連携する形で飛躍的に発展した．当初はサイズが十数インチであったディスプレイであるが，モバイルコンピューティングはそれを5インチ前後にまで小さくすることとなった．一方，多数のディスプレイパネルを配列することで表示サイズを巨大化する研究もある．例えばカリフォルニア大学サンディエゴ校で開発された **HIPerSpace** では，70台ものLCDパネルが結合され，横 9.7 m，縦 2.3 m の表示サイズを実現している．このような変更に伴って情報デザインに新たな検討が期待されることはいうまでもない．

　さらに，これまで説明してきた通り，コンピューティング機能は身のまわりのさまざまなモノに埋め込まれるようになってきている．そこでのインタラクションはもはや視覚だけに頼ることはできず，他のモダリティを含めた上でシステムが構築される．

　しかもそのような状況にあっては，人間から明示的に要求が指示される，いわゆるイベント駆動型のインタラクション割合は次第に減少していくに違いない．むしろ大部分の時間は，コンピュータは人間をじっと眺めているだけである．当然ながらコンピュータはその間ずっと休眠状態にあるわけではなく，人間の行為を認識・理解するための処理で絶えず働いている．その処理結果を他の関連するデータと統合し，必要と判断した時点では遅延なく人間に最適な情報を伝達する．

　当然のこと，これまでのデザインガイドラインでは対応できないという事態となり，改めてヒューマンインタフェースのデザインについて整理する必要がある．コンピュータとのインタフェースはもちろんのこと，人間が生活する場あるいはそこにあるモノすべてのインタフェースについて，これからは考えなければならない（図 7.6）．その際，企業や国がそれぞれのテリトリー内だけに目を向けるのではなく，全体を通しての統一感がより重要になる．

　ほんの小さな事象ではあるが，例を挙げてみたい．筆者の家のテレビの電源

7.9 環境としてのインタフェース

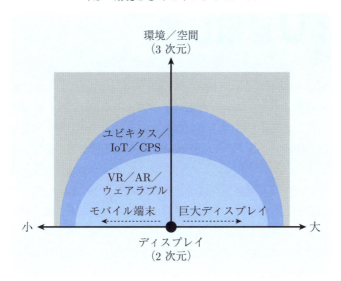

図 7.6 ヒューマンインタフェースの移り変わり

ランプは電源オフの状態にあるとき赤色，オンで緑色に輝く．一方，壁に照明用スイッチが設けられているが，そのインジケーターは電源オフの状態で緑色，オンにすると消灯する．トイレ用の場合は照明スイッチの隣に換気扇用のスイッチもついているが，インジケーターの緑色は電源オフ，赤色がオンを表すようになっている．

道路にはさまざまなサインや看板が立ち並んでいる．個々には洗練されていたとしても，全体として捉えたとき，安易な設置は景観を悪化させるだけでなく，必要な情報が他に埋もれてしまい，かえって使えないといった事態にもなりかねない．設置場所に応じて，総合的な視点から情報をデザインすること，補足すれば調和と補完が極めて重要である．

デザインは専門の教育を受けた者だけに許された活動と理解しがちであるが，家具や食器を選んで組み合わせることもデザインである．デザインはすべての人間が行う行為であり，さらにはデザインを考えるための豊かな手がかりを与えてくれるとの主張がある[56]．現代の社会にあっては，我々ひとりひとりは単に機器を使う側にとどまるのではなく，SNSによって誰もが発信者になることができるようになった．これにとどまらず，情報機器そしてコミュニケーションの次なる姿をデザインする責務を担っているのである．

7.10 さらなる発展を目指して

　ヒューマンインタフェースの開発の歴史を振り返ったとき，アップル社のMacintoshに先立って開発されたゼロックス社のStar（Alto）の存在を忘れるわけにはいかない．それまでは，システムの設計はハードウェア仕様の決定から始められ，続いてソフトウェアの機能レベルの仕様決定，最後にヒューマンインタフェースが決められていた．Starプロジェクトではまったく逆の手順で作業が進められた．人間がいかにシステムと付き合うかといったことに開発者の最大の注意が払われ，ハードウェアおよびソフトウェアの設計はその後に行われた．しかも，ソフトウェアの開発に着手する前の2年という年月がヒューマンインタフェース設計に費やされたのである．

　インビジブルインタフェースやユニバーサルデザインのアイディアが完全に社会に浸透する日が訪れるまで，これからも長い技術開発の年月が費やされるであろう．その目的が果たされたとき，いったい何が起こるのか．良い方向に変わるのであれば問題ないが，その期待とは逆に向かう可能性もある．かつて使いにくいものに出合ったときには自ら乗り越える力を発揮したものが，そういった能力が低下していった後にどうなってしまうのか．「エコからボコへ」という表現を使い，そのような逆の発想でモノつくりを見つめ直す必要もあると中邑は主張する[57]．身体に合わせて服を選んでいると，気がついたときはメタボ寸前となりかねない．服に合わせて身体を意識してシェイプアップするという考え方があるように，いい意味での制約あるいは緊張感はもっと尊重されてもよいのかもしれない．

　サイクロン方式の掃除機で名を馳せたダイソン社の創業者ダイソン（J. Dyson）は次のような主張を展開している[58]．

　「僕にとっては，グッドエンジニアリングがグッドデザインだ．良く機能するプロダクトは本当に美しい．見た目だけで，仕事をしないものなんてすぐに飽きてしまう．（中略）デザイン・エンジニアは，日常生活のあらゆる場面を支える見えないヒーローだ．彼らはあなたが今座っている椅子や，今読んでいるこの本の印刷技術を開発した．未来は彼らの手の中にある．（中略）僕は本当に心から，デザインはエンジニアリングとともに進むべきだと思う．」

7.10 さらなる発展を目指して

また，続けてダイソンは言う[59]．

「いつも思い通りにいくわけではないし，いつも何かがひらめくわけではない．「これだ！」というものをつくるには，何週間も，何ヶ月も，あるいは何年もかかる．1つのことにこだわって，たった1日で成し遂げることができたら，といつも思う．しかし，その反面，もっと良い方法があるのではないかと悩む．（中略）失敗を受け入れるなんてとんでもないと言う人もいるだろう．（中略）何よりリスクを冒さなければ，進歩はあり得ないのだから．」

サイクロン型掃除機が世に出るまでに5,127台の試作品が作られたことが，彼の信念を裏付けている．

これと同じ考えを持っていた，もう一人の有名な人間がいる．言わずと知れたアップル社のジョブズがその人で，彼は「Think Different」広告キャンペーンにあたって，社員に向けて次のようなメッセージを送った[60]．

「(前略) 世界は変わり，マーケットは変わる．そして彼らの商品もまた，変わる．だがその核となる理念だけは，変わらない．ディズニーやソニー，ナイキのように，アップルもまた世界中の人々から愛され，尊敬を受けている企業だ．なぜ愛されるのか，それは私たちが「心」を持っているからだろう．アップルは，人々が仕事をうまくこなすためだけの箱を作ったことなどない（もちろん，そこにも誇りはもっているが）．我々が目指すのは，もっとそれ以上の何か，だ．私たちは信じている．情熱を持った人々こそが，より良い世界を作れることを．私たちは信じている．クリエーティビティーこそが，人類が一歩先へと踏み出す力となることを．（後略）」

● 演習問題

☐ **7.1** 日常生活の中で使いにくいヒューマンインタフェースの例を見つけて，使いにくい理由とその改善策について考えよ．

☐ **7.2** ユニバーサルデザインの事例として，本文中に挙げたもの以外で，身近にみられるものを探してみよ．

☐ **7.3** インタフェース評価にあたってのユーザテストの利点および欠点は何か説明せよ．

コラム 利用者の言うことを鵜呑みにしない

　人間中心設計という言葉が賑やかに語られる．ターゲットに見据える人々が期待し，求めるものを技術者は作り出そうとする．このこと自体はとても重要なことである．しかし，それがいったい何かを彼ら自身に直接尋ねることは控えたほうがよい．聞き出したとしても，それを鵜呑みにして製品開発を進めてはいけない．彼らは，自分たちの抱える問題を解決する答えを持ち合わせていないことがほとんどだからである．

　今日の自動車産業の礎を築いたフォード（H. Ford）は次のような名言を残している．

　『もしも自分が人々に何が欲しいかと尋ねていたとしたら，「もっと速い馬だ」という答えが返ってきたに違いない』

　『人々は問題の解決に努めるよりも，それを回避することに時間と労力を費やしている』

　ものごとの本質を突くソリューションを見出す作業は技術者自身に委ねられている．フォードは『考えることは最も過酷な作業だ．それゆえ，それに取り組む人はこんなにも少ないのだ』とも言っている．読者の行動に期待したい． 〇

演習問題解答

- **第 1 章　情報と人間のかかわり**

    1.1 メッセージがそのメッセージの発せられた文脈（コンテクスト）を考慮しつつ解読されるときコミュニケーションが成立する．ここで自然言語を仮定する場合，メッセージに対応した言葉（あるいは文）が意味するものを規定するルールの体系（つまりコード）が併せて存在していなければならない．

    1.2 一定でない．実際，「明日は晴れです」と言われたとしても，毎日晴れている地域（があったとすれば）では，何ら目新しさはない．しかしながら，晴れるか雨が降るかのどちらになるか五分五分の場合には，その情報は価値がある．ここでいう目新しさ／価値がまさに情報量に相当する．

- **第 2 章　人間の特性**

    2.1 高速道路のサービスエリアに設置してあった自動販売機の一例を下図に示す．調理過程を示すための下向き三角形のインジケーターが説明文字とともに用意されている．あるひとつのインジケーターとその説明文字のペアは近接の要因によって結び付けられる．一方，インジケーター同士は形の類同性に加えて光るという変化が加えられることによって一団としてのまとまりをもって認識され得るようになっている．また，商品選択のエリアでは，商品名，値段，選択ボタンを一定のレイアウトかつグレー色の領域内に囲い込むことで分別性を高めている．

図 Ans.1

2.2 ROSSOという文字列について，イタリア語になじみがある人であればチャンク数は1であるが（赤色という意味の単語），そうでない人にとっては5チャンクとなる．他にも，22360679といった8桁の数字列も単純には8チャンクであるが，5の平方根の値と気がつけば1チャンクとなる．

2.3 物理的な音の大きさと人間が感じる音の大きさ，物理的な光の強さと人間が感じる光の明るさ，など．

2.4 ミラーの実験結果によれば，システムが即座に応答していると人間に感じさせるには0.1秒以内，やりとりに注意を向けさせることができる許容時間は10秒以内とされている．対話的システムを構築する場合には，これらの制約を頭に置いてシステム開発を進める必要がある．

2.5 Bccを使わなければならないと認識していたにもかかわらず生じたエラーであり，スリップである．ただし，BccとCcの区別を知らず，また個人情報保護についての知識が欠乏していた結果として発生した場合にはミステイクとなる．

● **第3章 ヒューマンインタフェース開発の幕開け**

3.1 CUIでは，コマンドを知らないと何も操作することができないが，キーボードだけで操作が完了するので，キーボードとマウスを持ち替える手間がかからない．GUIの利点は，文字だけでなくアイコンなどの絵シンボルも使われているため，初心者にも分かりやすい．しかしながら，多数の（ある条件を満たす）ファイルにある特定の処理を行おうとする場合，基本的にはその処理を繰り返し行わなければならず手間となる．また，視覚障がい者にとってはレイアウトの自由さが逆に妨げになることもある．

3.2 ウィンドウのスクロールを行うにあたって，ウィンドウの横に設けられているスクロールバーのノブ（ボックス）ではない領域をマウスでクリックしてページを大きく移動させる際に，ノブ（ボックス）はクリック地点にジャンプしているにもかかわらず，人間の目にはスムーズに違和感なく移動しているように見える．

3.3 画面上の目標物（例えばアイコン）にカーソルを移動するのにかかる時間は，目標物の大きさと現在のカーソル位置から目標物位置までの距離の関数で表されるというもの．具体的には以下のような式が与えられている．

$$T = a + b\log_2\left(1 + \frac{D}{W}\right)$$

ここで T は動作にかかる時間，W は目標物の大きさ，D はカーソル位置から目標物位置までの距離，a と b は定数である．

3.4 一例として MacOS の Dock がある．これはインストールされているさまざまなアプリケーションのアイコンが並べられたメニューバーで，カーソルが置かれた位置のアイコンが拡大されるようになっている．他には Focus+Glue+Context マップ Emma と名付けられた手法では，下図に示すスクリーンショットに見られるように，選択した地図上の領域が一部的に拡大して表示されるようになっている．周辺領域とスムーズに連続している点に注目してほしい（http://tk-www.elcom.nitech.ac.jp/demo/fisheye/）．

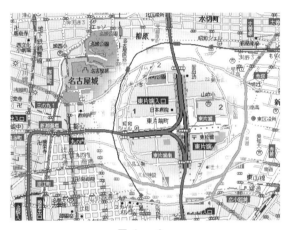

図 Ans.2

● **第 4 章 モダリティの拡充**

4.1 手がふさがっている，キーボードを置いて使える環境ではない（例えば歩行中），あるいは視線を向けることが望ましくない（例えば運転中）といったような場合には音声入力インタフェースが有効である．その一方で，周囲の人に知られたくないような内容であれば音声を発してシステムに伝える方法は適切ではない．また，運転中や人ごみの中といったようにまわりからの雑音の混入があると，それは音声の認識率を引き下げる要因となりかねない．

4.2 顔の前で手のひらを下にして指を曲げ伸ばしする「おいでおいで」のジェスチャは，日本では「こちらに来てほしい」の意味であるが，欧米などでは逆に「向こうに行ってくれ」の意味に受け取られる．

4.3 間接ポインティングは，そのポインティング精度が直接ポインティングに比べて高い．逆に直接ポインティングにおいてはカーソル位置と指示位置が同一となるため，人間にとって自然であり，素早いポインティングが可能である．

4.4 通信には比較的単純な情報の交換を，また同期には完全に同時でなくともそれに近い時間制約が期待されるものを含めてまとめている．

表 Ans.1

		通信	情報共有
同期		チャット	オンラインゲーム
（リアルタイム）		テレビ会議	LINE, Twitter
非同期		電子メール	電子掲示板
		ボイスメール	Facebook
		ビデオメール	協同執筆（wikiなど）

4.5 医療や介護以外への応用として，例えばマーケティングには既に導入されはじめている．これまでは行動観察，アンケート，インタビュー，あるいはアイトラッキングを活用した調査が行われているが，本当に商品に関心があったのかどうかを判別することが難しかった．脳波測定器を装着した被験者の脳波を併せて獲得・利用することで，注視の度合い，興味・関心の度合いを客観的に分析することが可能になる．また，自動車運転に BMI を活用するベルリン自由大学のプロジェクトもある．

● **第5章 身体と意識の統一**

5.1 HMD は透過型と非透過型の2つに大きく分類できる．透過型（光学シースルー）は，コンピュータで生成した映像の他に，眼前の風景を HMD 越しに直接観察することができるものである．その実現にあたっては，ハーフミラーを用いる構造のものや，片方の目の位置にディスプレイを取り付ける構造のものがある．一方の非透過型は両目を完全に覆う格好のメガネ構造をとり，両方の目の前にはそれぞれディスプレイが配置されている．外部を直接見ることはできず，現実であれ仮想であれ，あくまでもディスプレイに表示された映像を通してのみ視覚情報を受け取る．

演習問題解答 **117**

5.2 プロジェクションマッピングの映像は YouTube にも多数アップされているが，そのうちのいくつかを以下に掲げる．

- TOKYO STATION VISION 東京駅プロジェクションマッピング
  http://www.youtube.com/watch?v=xHsbdq8GtKc#t=13
- 360° 3D Mapping Projection with Rabarama
  http://www.youtube.com/watch?v=OZfTKSmPxxA&feature=youtu.be
- enra "Torque starter"
  http://www.youtube.com/watch?v=3JdT4fDi4iI#t=60

5.3 TOF 方式では光の到達時間を基に距離を計測するもので，赤外線などの不可視光を照射し，それが対象物に当たって反射して返ってくるまでの時間を計測し，それと光の速度の積で距離を求めている．実際の時間計測にあたっては光（波）の位相差を用いる．一方，アクティブステレオ方式では，あらかじめ既知の光学パターンを画角内に照射し，そのパターンの幾何学的な歪み具合から対象物の 3 次元構造を算出する．投影するパターンとしてはスリット状のものであったり，初代の Kinect にあってはまだら模様のものが用いられている．

●第 6 章　センサが捉える人間行動

6.1 例えば iPhone 6 にはカメラ，マイク，GPS，磁気センサー，加速度センサー，ジャイロセンサー，近接センサー，輝度センサー，気圧計が搭載されている．

6.2 自動車に搭載した機器を介して車外と通信する．車内の多彩なデータをデータセンターに集約し，これらのデータを統合することで新たなサービスを提供する．あらゆる車が行き先を登録するようになれば，道路の混雑具合をこれまで以上に正確に予測することもでき，その結果に基づいて最適な経路誘導を行うことも可能になる．また，Goji Smart Lock という製品（サービス）では，入室を許可する相手に開錠に必要な電子キーをネットワーク経由で送って部屋を利用できるようにしている．使用許可期間が終われば電子キーを無効にすれば以降は使用できなくなるため，貸した鍵から合鍵を作られる心配もない．

6.3 この問いに答えはない．あらゆる技術には正と負の両面があることを認識し，それについて自らが考えを巡らせることが大切である．

●第7章 デザインと評価

7.1 テレビやDVDレコーダーは多彩な機能が搭載されているが，それに対応してリモコンには数多くのボタンが並べられている．あまりに数が多すぎて，どれが目当てのボタンなのかを見つけるのに手間がかかる．普段は使わないボタンをカバーの下に隠すようにしたリモコンもあるが，それでも使いにくさを感じずにはいられない．また，一部機能は本体のスイッチでは操作できず，付属のリモコンの使用を強要される扇風機の例もある．

7.2 (1) 目を閉じた状態でもリンスと区別がつくように，容器に凸凹が設けられたシャンプー，(2) 乗降口の間口が広く，また地面との高低差が少ないノンステップバス，(3) スマートフォン画面ボタンへの「触れる（候補選択している）」と「押す（決定する）」の区別が，ボタンへの色付けと指への振動によって，操作者に不安を覚えさせることなく確実にできるようになっているタッチパネル，などの事例がある．

7.3 システムの利用が想定される人々に実際に使ってもらって使い勝手を評価するため，問題点を詳細に把握できる．その反面，被験者を外部から招く必要があり，コスト高になる．なお，被験者は5人程度で十分な気づきが得られることが分かっており，一度にそれ以上の人数の被験者に依頼をするよりは，問題点を見直した版を改めて評価することで繰り返しインタフェースの洗練化を進めることが望ましい．

さらに詳しく学びたい人へ

- 岡田謙一，西田正吾，葛岡英明，仲谷美江，塩澤秀和，『ヒューマンコンピュータインタラクション』，オーム社，(2002).
  ヒューマンコンピュータインタラクションに関する話題が網羅的に整理されている．発行されてから時間が経過しているため，近年の話題は含まれていないが，それでも本分野の基本を学ぶに十分な内容を含んでいる．
- 西田豊明，『インタラクションの理解とデザイン』，岩波書店，(2005).
  GUIが主体にはなっているが，人間同士のコミュニケーションをベースに捉え，異なる様々な学問的視点から，インタラクションの諸相を説明している好書である．
- 黒須正明，暦本純一，『コンピュータと人間の接点』，NHK出版，(2013).
  放送大学のテキストとして執筆されたものである．前半はヒューマンインタフェースのデザインとその評価，後半はヒューマンインタフェースについての技術的話題が丁寧に紹介されている．
- 樽本徹也，『ユーザビリティエンジニアリング（第2版）』，オーム社，(2014).
  ユーザビリティやエクスペリエンスについて詳細かつ具体的に記述されており，人間中心設計の活動を実際に執り行おうとする読者に参考になる一冊である．
- L. Mathis著，武舎広幸，武舎るみ訳，『インタフェースデザインの実践教室—優れたユーザビリティを実現するアイデアとテクニック』，オライリー・ジャパン，(2013).
  インタフェースデザインについて求められる実践的なアイディアが，人間中心設計のプロセスに沿って網羅的に説明されている．参考文献[14]の『インタフェースデザインの心理学』は基礎（理論）編，同書は応用編と位置づけられる．
- 川俣晶，『[重点]これからのUIの教科書—ユーザーインターフェース設計入門』，技術評論社，(2013).
  ヒューマンインタフェースを具体的に設計する際に配慮すべき事項が整理されている．GUIに特化した設計ガイドラインの書籍が多い中，ジェスチャや音（声），センサ（例えば傾きセンサや方位センサ）などについても言及されている．
- D.A. ノーマン著，野島久雄訳，『誰のためのデザイン？—認知科学者のデザイン原論』，新曜社，(1990).
  製品のデザインの重要性を説くと同時に，それが満たされていない現実を読み手に突きつける好書である．目からうろこというか，膝をポンとたたいてしまう具体的話題が満載である．

- 東京大学アンビエント社会基盤研究会実世界ログ WG,『実世界ログ―総記録技術が社会を変える』, PHP パブリッシング, (2012).

    アンビエントインタフェースおよびビッグデータ／ライフログの利用についての先端的取組みが，その必然性や将来性といった説明と合わせて魅力的に紹介されている．

- 小林茂，山上健一，木村秀敬，福田伸矢，澤海晃，浦野大輔，大庭俊介，高岡哲也，冨塚小太郎，西原英里，尾崎俊介，原央樹，松本典子，國原秀洋，村井孝至，原真人，佐藤嘉彦，河北啓史，穴井祐樹，藤田忍，鈴木健太郎，工藤岳,『フィジカルコンピューティングを「仕事」にする』, ワークスコーポレーション, (2011).

    電子工作とプログラミングを組み合わせ，身近な道具や生活空間をインタラクティブなメディアに置き換えようとするフィジカルコンピューティングを魅力的に紹介している．ハードウェアとソフトウェア，そしてエンジニアリングとデザインの統合を図ろうとする意欲的な試みとしても興味深い．

- 芳賀繁,『ミスをしない人間はいない―ヒューマン・エラーの研究』, 飛鳥新社, (2001).

    ヒューマンエラーについて，心理学の裏付けを示しつつ，専門的記述に陥らないように工夫された内容となっている．対策・対応編では具体的応用例が示されており，モノのインタフェースが中心ではあるが，GUI や情報機器のインタフェースデザインにあってもヒントとなり得るアイディアが見つかる．

- 熊田孝恒,『マジックにだまされるのはなぜか―「注意」の認知心理学』, 化学同人, (2012).

    注意という人間特性に関し，マジックという切り口を通して，人間の行動がいかに不安定なものかということに気づかせてくれる内容となっている．情報機器をデザインする場面でも参考になるアイディアを含むほか，高齢者の注意機能についての具体的な実験結果も紹介されている．

- リタ・カーター著，藤井留美訳，養老孟司監修,『ビジュアル版　新・脳と心の地形図』, 原書房, (2012).

    専門的になりすぎるきらいのある脳の構造や働きといった内容を，一般にも興味深く読み進められるように工夫された書籍である．ビジュアル版というタイトルが物語るように，グラフィクスも多用されており，分かりやすい．

- 藤田一郎,『「見る」とはどういうことか―脳と心の関係をさぐる』, 化学同人, (2007).

    ものを見るためには脳が必要であり，その際に脳が行っている活動の内容を脳科学や神経科学の観点から解き明かそうとしている．ヒューマンインタフェース開発に直結するものではないが，脳の機能，秘密，不思議に触れる一冊である．

- FOMS 編著,『目で見ることばのデザイン』, 遊子館, (2010).
  コミュニケーション（サイン）デザインに関する書籍であり, 一見すると畑違いに思えるかもしれないが, 情報工学領域にも共通する理念や有益なヒントが見つかるに違いない.
- レイ・カーツワイル著, 井上健監訳, 小野木明恵, 野中香方子, 福田実共訳,『ポスト・ヒューマン誕生―コンピュータが人類の知性を超えるとき』, NHK 出版, (2007).
  サイエンスフィクションの類の図書であるが, 機械との係わりの上で人間が今後たどる運命とでもいうべき未来像を, 情報はもとより自然科学や哲学などの広範な話題を交え描いている.

参考文献

[1] 山極寿一,『ヒトはどのようにしてつくられたか』,岩波書店(2007).
[2] 河合信和,『ヒトの進化 七〇〇万年史』,筑摩書房(2010).
[3] 梅津信幸,『あなたはコンピュータを理解していますか?』,技術評論社(2002).
[4] T. ノーレットランダーシュ著,柴田裕之訳,『ユーザーイリュージョン—意識という幻想』,紀伊國屋書店(2002).
[5] R. ウィンストン著,鈴木光太郎訳,『人間の本能—心にひそむ進化の過去』,新曜社(2008).
[6] P.F. ドラッカー著,上田惇生訳,『マネジメント【エッセンシャル版】』,ダイヤモンド社(2001).
[7] 教育機器編集委員会編,『産業教育機器システム便覧』,日科技連出版社(1972).
[8] V.S. ラマチャンドラン,D. ロジャーズ=ラマチャンドラン著,北岡明佳監修,日経サイエンス編集部訳,『知覚は幻 ラマチャンドランが語る錯覚の脳科学』,別冊日経サイエンス,Vol.174(2010).
[9] S.L. マクニック,S. マルティネス=コンデ,S. ブレイクスリー著,鍛原多恵子訳,『脳はすすんでだまされたがる—マジックが解き明かす錯覚の不思議』,角川書店(2012).
[10] The Invisible Gorilla:And Other Ways Our Intuitions Deceive Us, http://www.theinvisiblegorilla.com/videos.html.
[11] 北岡明佳,『だまされる視覚—錯視の楽しみ方』,化学同人(2007).
[12] 乾敏郎監修,電子情報通信学会編,『感覚・知覚・認知の基礎』,オーム社(2012).
[13] J. ウォード著,長尾力訳,『カエルの声はなぜ青いのか? 共感覚が教えてくれること』,青土社(2011).
[14] S. ワインチェンク著,武舎広幸,武舎るみ,阿部和也訳,『インタフェースデザインの心理学—ウェブやアプリに新たな視点をもたらす100の指針』,オライリー・ジャパン(2012).
[15] 鹿取廣人,杉本敏夫,鳥居修晃編,『心理学[第4版]』,東京大学出版会(2011).
[16] B. ローレル編,上條史彦,小嶋隆一,白井靖人,安村道晃,山本和明訳,『人間のためのコンピューター—インターフェースの発想と展開』,アジソン・ウェスレイ・パブリッシャーズ・ジャパン(1994).
[17] E.L.Hutchins, J.D.Hollan, and D.A.Norman, "Direct Manipulation Interfaces", Human-Computer Interaction, Vol.1, pp.311-338(1985).

参 考 文 献

[18] 市川忠男，紫合治，鷹尾洋一，平川正人，細谷遼一,「パネル討論会：視覚的プログラミング環境」，情報処理, Vol.29, No.5, pp.485-504（1988）．

[19] Data Structure Visualizations,
http://www.cs.usfca.edu/~galles/visualization/Algorithms.html.

[20] SORTING, http://sorting.at/.

[21] プログラミン，http://www.mext.go.jp/programin/

[22] T.Hermann, A.Hunt, and J.G.Neuhoff 編, "The Sonification Handbook", Logos Publishing House, Berlin（2011）．

[23] R.Kwok, "Fake Finger Reveals the Secrets of Touch", Nature（2009）, DOI:10.1038/news.2009.68.

[24] 石井裕,「カバーインタビュー」, AXIS, Vol.142, pp.10-15（2009）．

[25] M.Weiser, "The Computer for the 21st Century", Scientific American, pp.94-104（1991）．

[26] 中本高道,「匂いセンサと嗅覚ディスプレイ」, 薬学雑誌, Vol.134, No.3, pp.333-338（2014）．

[27] 名城大学柳田研究室ホームページ,
http://vrlab.meijo-u.ac.jp/research/ScentProjector/index-j.html

[28] H.Matsukura, T.Yoneda, and H.Ishida, "Smelling Screen:Development and Evaluation of an Olfactory Display System for Presenting a Virtual Odor Source", IEEE Transactions on Visualization and Computer Graphics, Vol.19, No.4, pp.606-615（2013）, DOI:10.1109/TVCG.2013.40.

[29] 外池光雄，岡田謙一,「超嗅覚・超味覚」, 日本バーチャルリアリティ学会誌, Vol.14, No.2, pp.95-98（2009）．

[30] 池崎秀和,「味覚センサーによる味の物差し創りと味の見える化」, 日本バーチャルリアリティ学会誌, Vol.18, No.2, pp.93-97（2013）．

[31] 御手洗昭治，秋沢伸哉,『問題解決をはかる―ハーバード流交渉戦略』, 東洋経済新報社（2013）．

[32] 山足公也,「背景情報を利用するアウェアネス指向ヒューマンインタフェース」, 電気学会論文誌, Vol.121-C, No.8, pp.1304-1311（2001）．

[33] 小林稔，石井裕,「ClearBoard-2 における協同作業空間と会話空間のシームレスな融合」, 情報処理学会研究報告, グループウェア, Vol.93, No.34, pp.43-50（1993）．

[34] 竹村治雄,「アンビエントインタフェース技術の動向」, 人工知能学会誌, Vol.28, No.2, pp.186-193（2013）．

[35] 長田攻一，田所承己編，柄本三代子，小村由香，加藤篤志，渋谷望，鈴木俊介，道場親信，吉野ヒロ子著，『＜つながる／つながらない＞の社会学―個人化する時代のコミュニティのかたち』，弘文堂（2014）．

[36] R. ダンバー著，松浦俊輔，服部清美訳，『ことばの起源―猿の毛づくろい，人のゴシップ』，青土社（1998）．

[37] 石黒浩，『ロボットとは何か―人の心を映す鏡』，講談社（2009）．

[38] 川人光男，佐倉統，「BMI 倫理 4 原則の提案」，現代化学，6 月号，pp.21-25（2010）．

[39] 石井裕，「ユビキタスの混迷の未来」，ヒューマンインタフェース学会誌，pp.9-10（2002）．

[40] A.Majumder and B.Sajadi, "Large Area Displays: The Changing Face of Visualization", IEEE Computer, Vol.46, No.5, pp.26-33（2013）, DOI:10.1109/MC.2012.429.

[41] 鳴海拓志，伴祐樹，梶波崇，谷川智洋，廣瀬通孝，「拡張現実感を利用した食品ボリュームの操作による満腹感の操作」，情報処理学会論文誌，Vol.54, No.4, pp.1422-1432（2013）．

[42] 稲見昌彦，舘暲，「視・触覚複合現実環境提示技術」，計測と制御，Vol.41, No.9, pp.639-644（2002）．

[43] ラメッシュ・ラスカー：毎秒一兆枚の高速度カメラ，http://www.ted.com/talks/ramesh_raskar_a_camera_that_takes_one_trillion_frames_per_second?language=ja.

[44] A.Mujibiya and J.Rekimoto, "Mirage: Exploring Interaction Modalities Using Off-body Static Electric Field Sensing", Proceedings of ACM Symposium on User Interface Software and Technology, pp.211-220（2013）, DOI:10.1145/2501988.2502031.

[45] K.Vega and H.Fuks, "Beauty Technology: Body Surface Computing", IEEE Computer, Vol.47, No.4, pp.71-75（2014）, DOI:10.1109/MC.2014.81.

[46] 森脇紀彦，渡邊純一郎，矢野和男，「ビジネスコミュニケーションの測る化」，電子情報通信学会誌，Vol.96, No.8, pp.621-625（2013）．

[47] A. ペントランド，「ビッグデータをどう生かすか」，日経サイエンス，4 月号，pp.90-96（2014）．

[48] A. ローソーン著，石黒薫訳，『HELLO WORLD「デザイン」が私たちに必要な理由』，フィルムアート社（2013）．

[49] 奥出直人,「人間の「経験」に訴えかける仕掛け―インタラクションデザインの発想とは」, AXIS, Vol.123, pp.18-21（2006）.
[50] 原研哉,『デザインのデザイン』, 岩波書店（2003）.
[51] 大塚英志,『まんがはいかにして映画になろうとしたか―映画的手法の研究』, NTT出版（2012）.
[52] 高畑勲,『十二世紀のアニメーション―国宝絵巻物に見る映画的・アニメ的なるもの』, 徳間書店（1999）.
[53] 加藤茂, 谷川渥, 持田公子, 中川邦彦,『芸術の記号論』, 勁草書房（1983）.
[54] 宇波彰,『映像化する現代―ことばと映像の記号論』, ジャストシステム（1996）.
[55] 池上嘉彦,『記号論への招待』, 岩波書店（1984）.
[56] 柏木博,『デザインの教科書』, 講談社（2011）.
[57] 中邑賢龍,「これからは, エコからボコです.」, AXIS, Vol.167, pp.65-69（2014）.
[58] J. ダイソン,「ジェームズ・ダイソンの法則：その3　デザイン・エンジニアリングについて」, AXIS, Vol.135, pp.18-19（2008）.
[59] J. ダイソン,「ジェームズ・ダイソンの法則：その1　失敗について」, AXIS, Vol.133, pp.22-23（2008）.
[60] 日経デザイン編,『アップルのデザイン―ジョブズは"究極"をどう生み出したのか』, 日経BP社（2012）.

索引

あ行

アイコン 36, 39
アウェアネス 15, 62
アクセシビリティ 103
アナモルフォーシス 78
アフォーダンス 96
アルゴリズムアニメーション 44
アンケート 107
アンビエント 63
異化 95
イヤコン 50
インタビュー 107
インタラクション 6
ウィンドウ 36
ウインプ 37
ウェアラブルコンピュータ 84
ウェアラブル端末 84
ウェーバーの法則 26
ウェーバー比 26
運動システム 24
エクスペリエンス 104
エスノグラフィー 107
エルゴノミクス 30
音声入力 50

か行

拡張仮想感 75
拡張現実感 74
拡張満腹感 75
カクテルパーティ効果 14
陰 17
仮想現実 72
仮想現実感 72
活動量計 84
間接ポインティング 68
記号論 94
キャラクタユーザインタフェース 34

キャリブレーション 61
嗅覚ディスプレイ 54
共感覚 22
近接学 57
グラフィカルユーザインタフェース 36
グループウェア 62
ゲイズアウェアネス 63
ゲシュタルト 18
ゲシュタルト心理学 18
ゲシュタルト要因 18
光学迷彩 76
コミュニケーション 6
コンピュータビジョン 82

さ行

サイバーフィジカルシステム 87
錯視 16
錯覚 16
三次元の空間性 72
ジェスチャインタフェース 58
自己投射性 72
視線入力 60
実時間の相互作用性 72
社会的インタラクション 64
社会脳 8
シャノンの通信モデル 4
充填 12
周辺言語 56
出力型 67
情動表出 56
情報 4
情報解読型 67
情報理論 4
触覚 52
人工現実感 72
侵襲型 66

身体操作 57
身体動作 56
振動 52
心理物理学 26
図式 42
スティーヴンスのべき法則 27
図と地の反転 16
スマートウォッチ 84
スリップ 28
精神物理学 26
セル 42
選択的注意 14
ソーシャルデータ 88
外情報 8
ソフトウェアビジュアライゼーション 44

た行

対人距離 57
対人接触 57
代替現実感 75
多感覚知覚 20
タッチパネル 58
タブル 42
タンジブルインタフェース 53
タンジブルビット 53
断続性運動 12
知覚システム 24
チャンク 25
注意 14
中心窩 12
調整子 57
直接操作 40
直接ポインティング 68
データ 4
デザイン 92
デスクトップパブリッシング 43
デスクトップメタファ 38

索　引

テレイグジスタンス　72

● な行 ●

入力型　67
人間工学　31
人間中心設計　106
認知システム　24
ノンバーバルコミュニケーション　56

● は行 ●

バーバルコミュニケーション　56
バウハウス　105
バリアフリー　102
ビジュアルプログラミング　44
美術工芸運動　105
非侵襲型　66
非注意による見落とし　14
ビッグデータ　88
美的機能　94
ビューティテクノロジー　85
ヒューマンインタフェース　7
ヒューマンエラー　28
ヒューマンコンピュータインタラクション　7
ヒューマンファクター　30
ヒューリスティック法　107
表　42
表象　56
フィッツの法則　46
フィリングイン　12
ブーバ・キキ効果　22
フールプルーフ　29
フェイルセーフ　29
フェヒナーの法則　27
フェムトフォトグラフィー　77
フォーム　42
複合現実感　75
フラットデザイン　97
ブレインマシンインタフェース

66
プレグナンツの法則　18
プロジェクションマッピング　78
ペーパープロトタイプ　107
ヘッドマウントディスプレイ　72
ペルソナ　107
ポインタ　36

● ま行 ●

マウス　36
マガーク効果　20
マグニチュード推定法　27
マルチタスキング　15
マルチタッチ　58
マルチモーダルインタフェース　48
ミステイク　28
メタコミュニケーション　64
メニュー　36
メンタルモデル　38
網膜　12
モダリティ　48, 85
モデルヒューマンプロセッサ　24
モノのインターネット　86

● や行 ●

ユーザーエクスペリエンス　104
ユーザインタフェース　7
ユーザテスト法　107
ユーザビリティ　98
ユースフルネス　99
ユーティリティ　99
ユニバーサルデザイン　102
ユビキタス　70
ユビキタスディスプレイ　71
要素香　54

● ら行 ●

ライフログ　85, 88
力覚　53
ルックアンドフィール　37
ルビンの壺　16
例示的動作　56
レコメンデーション　89

● わ行 ●

ワーキングメモリ　24
ワークモデル分析　107

● 英数字 ●

3つのV　88
7段階モデル　25
8つの黄金律　100
AR　74
BCI　66
BMI　66
CPS　87
CSCW　62
CUI　34
direct engagement　41
distance　41
DTP　43
Focus+Context　44
GUI　36
HCD　106
HIPerSpace　108
HMD　72
IoT　86
Kinect　59, 82
Leap Motion Controller　83
m-SHEL モデル　30
M2M　87
Put That There システム　48
Time of flight　77
TOF　77, 83
UX　104
VR　72
WYSIWYG　43

著者略歴

平川正人 (ひらかわ まさひと)

1979年3月　広島工業大学工学部電子工学科　卒業
1984年3月　広島大学大学院工学研究科システム工学専攻
　　　　　　博士課程後期修了
現　　在　島根大学総合理工学研究科情報システム学領域　教授

主要著書

かわりゆくプログラミング（共著，共立出版 (株)）
ビジュアルインタフェース — ポスト GUI を目指して（共編，共立出版 (株)）
マルチメディアソフトウェア工学（単著，共立出版 (株)）

グラフィック情報工学ライブラリ＝GIE–10
コンピュータと表現
—人間とコンピュータの接点—

2015年2月25日© 　　　　　　　初　版　発　行

著者　平川正人　　　　発行者　矢沢和俊
　　　　　　　　　　　印刷者　小宮山恒敏

【発行】　　　　株式会社　数理工学社
〒151-0051　東京都渋谷区千駄ヶ谷1丁目3番25号
編集☎（03）5474-8661（代）　サイエンスビル

【発売】　　　　株式会社　サイエンス社
〒151-0051　東京都渋谷区千駄ヶ谷1丁目3番25号
営業☎（03）5474-8500（代）　振替 00170-7-2387
FAX☎（03）5474-8900

印刷・製本　小宮山印刷工業（株）

≪検印省略≫

本書の内容を無断で複写複製することは，著作者および
出版者の権利を侵害することがありますので，その場合
にはあらかじめ小社あて許諾をお求め下さい．

ISBN978-4-86481-026-5

PRINTED IN JAPAN

サイエンス社・数理工学社の
ホームページのご案内
http://www.saiensu.co.jp
ご意見・ご要望は
suuri@saiensu.co.jp まで．